Wolfgang G. Simon

Modellhubschrauber Technik

für Fortgeschrittene

NV NECKAR-VERLAG • VILLINGEN-SCHWENNINGEN

ISBN 3-7883-2617-4

5. unveränderte Auflage 2005

Printed in Germany by Baur-Offset, Lichtensteinstr. 76, 78056 Villingen-Schwenningen

Inhalt

Vorwort 9

Einleitung 10

I.   Ansatzpunkte für die Elektronik im Hubschrauber 13

1.   Systemdrehzahl 13

2.   Abstimmung von Pitch und Gas 14
2.1   Vorüberlegungen... 14
2.2   Gemeinsames Servo für Gas und Pitch 14
2.3   Getrennte Servos für Gas und Pitch 16
2.3.1 Leerlauftrimmung 16
2.3.2 Gasvorwahl 16
2.3.3 Einstellung der Gas-Steuerkurve 19
2.3.4 Einstellung der Pitch-Steuerkurve 20

3.   Automatische Beeinflussung des Heckrotors 22
3.1   Drehmomentausgleich 22
3.2   Heckrotorverstellung bei Autorotationen 24
3.3   Kreiselsysteme 24
3.3.1 Einstellung der Wirkungsstärke des Kreisels 28
3.3.2 Automatische Kreiselbeeinflussung (Gyro Control) 29

4.   Leistungsanpassung bei Heckrotorsteuerung 30

5.   Taumelscheibenmixer 31
5.1   Zweipunkt-Ansteuerung mit Ausgleichswippe 31
5.2   Asymmetrische Dreipunkt-Ansteuerung 32
5.3   Vierpunkt-Anlenkung 34
5.4   Symmetrische Dreipunkt-Anlenkung 35

6.   Virtuelles Drehen der Taumelscheibe 38

7.   Leistungsanpassung bei zyklischer Steuerung 39

8.   Drehzahlregler.. 39

9.   „3-D"-Fliegen 45

II.   Auswahlkriterien für eine Hubschrauber-Fernsteuerung 48

1.   Grundausstattung 48
1.1   Sender 48
1.2   Empfänger 50
1.3   Servos 50

2.	Erforderliche Optionen im Sender	50
2.1	Taumelscheibenmischer	50
2.2	Statischer Drehmomentausgleich	50
2.3	Koppelung von Pitch und Gas	51
2.4	Gasvorwahl	51
3.	Wünschenswerte Optionen im Sender	51
3.1	Elektronische Trimmungen	51
3.2	Autorotationsschalter	51
3.3	Pitch- und Gaskurvenumschaltung	51
3.4	Schalter im Steuerknüppel	52
4.	Luxusausstattung	52
4.1	Modellspeicher	52
4.2	Exponentialfunktionen	52
4.3	Servowegeinstellungen	52
4.4	Timer und Drehzahlmesser im Sender	53
4.5	Lehrer/Schüler-Einrichtungen	53
4.6	Flugphasenumschaltungen	53
III.	**Montage und Einstellung der Fernsteuerung**	54
1.	Empfangsanlage und Akkus	54
2.	Servos	54
2.1	Grundsätzliches	54
2.2	Direkteinbau der Servos in die Mechanik	56
2.3	Einstelltabellen für gemischte Taumelscheibenansteuerungen	56
2.3.1	Zweipunktansteuerung, 2 Rollservos	57
2.3.2	Asymmetrische Dreipunktansteuerung, 1 Servo hinten	58
2.3.3	Asymmetrische Dreipunktansteuerung, 1 Servo vorn	59
2.3.4	Asymmetrische Dreipunktansteuerung, 1 Servo rechts	60
2.3.5	Asymmetrische Dreipunktansteuerung, 1 Servo links	61
2.3.6	Symmetrische Dreipunktansteuerung, 2 Servos vorn	62
2.3.7	Symmetrische Dreipunktansteuerung, 2 Servos hinten	63
2.3.8	Symmetrische Dreipunktansteuerung, 2 Servos rechts	64
2.3.9	Symmetrische Dreipunktansteuerung, 2 Servos links	65
2.3.10	Vierpunktansteuerung	66
2.4	Vergaseranlenkung	67
2.4.1	Grundeinstellung	67
2.4.2	Lineare Umlenkungen	67
2.4.3	Nichtlineare Anlenkungen	68
2.5	Heckrotorsteuerung	71
2.6	Ein paar Gedanken zur Betriebssicherheit	73
IV.	**Einfliegen eines Hubschraubers**	85
1.	Schwebeflug	85
2.	Heckrotortrimmung	85
3.	Pitchmaximumeinstellung	86

4.	Nachstellen der Schwebeflugdrehzahl	86
5.	Einstellen des Pitchminimums	86
6.	Einstellen der Gasvorwahl	86
7.	Nachstellen der Heckrotortrimmung	87
8.	Einstellen des statischen Drehmomentausgleichs	87
9.	Kreiseleinstellung	87
10.	Mixer Heckrotor → Gas	87
11.	Mixer Taumelscheibe → Gas	88
12.	Pitchminimum für Autorotation	88
V.	**Das HEIM-System**	**89**
1.	Übersicht	89
1.1	Konstruktive Auslegungen	91
1.1.1	Die „klassische" HEIM-Mechanik	91
1.1.2	Die VOLLMECHANIK (UNI-Mechanik 40)	93
1.1.3	Die UNI-EXPERT-Mechanik	95
1.1.4	Der AERO STAR	97
1.2	Antrieb	98
1.2.1	Klassische HEIM-Mechanik	98
1.2.1.1	Motor	100
1.2.1.2	Vergaser	100
1.2.2	UNI-EXPERT-Mechanik/UNI-Mechanik 2000	102
1.2.2.1	Motor	102
1.2.2.2	Der 60B-Vergaser	103
1.3	Kraftstoff	105
1.4	Schalldämpfer	106
1.5	Der Heckrotorantrieb	111
1.6	Grundeinstellung eines Hubschraubers mit HEIM-Mechanik	113
1.7	Veränderungen	125
1.7.1	Axiallager für den Rotorkopf	125
1.7.2	Heckrotor-Wellenkupplung	126
1.7.3	Propellermomentgewichte	127
1.7.4	Mehrblatt-Heckrotoren	129
1.7.5	Schwingmetalle	130
1.7.6	Getriebeübersetzung	131
1.7.7	Paddelstange	132
1.7.8	Hauptrotorblätter	134
1.7.9	Mehrblattrotoren	138
1.7.9.1	PEKA-MULTIBLADE-System	140
1.7.9.2	Bendix-Rotor	141
1.7.9.3	PEKA-NBS-Rotor	142
Nachwort		144

Vorwort

Als ich 1980 begann, mich mit dem Modellhubschrauber zu beschäftigen, befand ich mich in der typischen Situation eines in einem Verein organisierten Modellfliegers: Es gab im Verein einige, die bereits Erfahrungen (meist negative) mit dem Hubschrauber hatten, und daher glaubten, hier mitreden zu können. Ich hatte alles Verfügbare an Büchern und Zeitungsartikeln über Modellhubschrauber gelesen: Kurz, ich war eigentlich völlig auf mich allein gestellt. So habe ich denn auch fast alle Fehler gemacht, die vor mir schon mindestens hundert andere Hubschrauberanfänger gemacht hatten, habe fast keinen Irrweg ausgelassen und habe schließlich das Hubschrauberfliegen so weit gelernt, dass ich mich unter Gleichgesinnte getraut habe. In dieser Situation hatte ich das Glück, mit einigen erfahrenen Hubschrauberfliegern und Experten auf diesem Gebiet zusammenzutreffen, die zu meinem Erstaunen bereitwillig ihre Erfahrungen und Tricks weitergaben und mir so dabei halfen, mehr aus meinen Hubschraubern und meinen fliegerischen Fähigkeiten zu machen. Zurückblickend bin ich heute der Überzeugung, dass diese Kontakte mit erfahrenen Hubschrauberpiloten besonders zu dem Zeitpunkt wertvoll sind, an dem die ersten Hürden überwunden sind, also schon einige Flugerfahrungen vorliegen, und man nun feststellen muss, dass zur weiteren Steigerung der Flugleistungen von Modell und Pilot fundiertere Kenntnisse über die Zusammenhänge beim Modellhubschrauber erforderlich sind als für die ersten Schritte. Während die allgemeinen theoretischen Grundlagen der Hubschrauberaerodynamik und die für den Anfänger erforderlichen Kenntnisse in diversen Büchern und in vielen Bauanleitungen für Hubschraubermodelle vermittelt werden, ist man danach auf entsprechende persönliche Kontakte mit Fortgeschrittenen angewiesen, will man mit seinem Modell dieselben Leistungen erreichen, wie sie bei Schauflugveranstaltungen oder Wettbewerben bei den Experten zu sehen sind. Derartige Kontakte sind durch nichts zu ersetzen, und die verschiedenen Hubschrauberseminare und Helitreffen überall im Land tragen dieser Erkenntnis Rechnung.

Aus unterschiedlichen Gründen bleiben einer großen Zahl von Hubschrauberpiloten diese Möglichkeiten zum Erfahrungsaustausch verschlossen. Mit dem vorliegenden Buch möchte ich daher versuchen, einen Teil all der Erfahrungen und Erkenntnisse weiterzugeben, die ich dieser Zusammenarbeit mit anderen Hubschrauberfliegern verdanke. Stellvertretend für die große Zahl der Modellsportler, die mir selbstlos mit Rat und Tat dazu verholfen haben, den Modellhubschrauberflug mit so viel Freude zu betreiben, gilt mein besonderer Dank Günter Knipprath, von dem ich sehr viel lernen konnte.

Wolfgang G. Simon

Einleitung

Der Modellhubschrauber ist den Kinderschuhen entwachsen! Zu diesem Schluss kommt man, wenn heutzutage Wettbewerbe und Schauflugveranstaltungen mit Hubschraubern besucht werden. Verglichen mit den Pioniertagen in dieser verhältnismäßig neuen Sparte des Modellflugs finden wir heute einen Leistungsstandard vor, den man in den ersten zehn Jahren der Hubschrauberentwicklung kaum für möglich gehalten hätte. Diese Leistungssteigerung geht einher mit dem Fortschritt auf dem Gebiet der Fernsteuerungen und der Elektronik ganz allgemein, der Motorentechnik und der Beherrschung der modernen Werkstoffe. All das hat die heute verwendeten Hubschraubermodelle für den Betreiber nicht einfacher gemacht; ganz im Gegenteil: Ein wettbewerbstauglicher Hubschrauber, der das bei Flugveranstaltungen bewunderte Flugverhalten und eine entsprechende Leistungsfähigkeit besitzt, ist heute ein sehr aufwändiges Stück Technik aus den Komponenten Hubschraubermechanik, Zelle, Antrieb und Elektronik. Anders als in den meisten übrigen Modellbausparten – und das erfordert von vielen Modellbauern ein entsprechendes Umdenken –, lassen sich diese Komponenten nicht mehr isoliert voneinander betrachten und mehr oder weniger beliebig austauschen. Vielmehr ist es erforderlich, alle Komponenten kompromisslos auf die Erfordernisse hin auszurichten, die von dem betreffenden Modell und den erwarteten Flugeigenschaften bestimmt werden. Das kann dann unter Umständen bedeuten, dass für das ausgewählte Modell eben nicht mehr die Servos zu benutzen sind, die schon seit Jahren verwendet werden, weil sie den zu erwartenden Beanspruchungen nicht mehr gewachsen sind. Ebenso gut kann es vorkommen, dass der bisher bevorzugte Motortyp gerade in diesem Modell nur unbefriedigend arbeiten will, weil die Mechanik um einen anderen Motor herum konstruiert ist. Auch die Ausstattung der Fernsteuerung kann beim Betrieb anspruchsvoller Hubschrauber eine erhebliche Rolle spielen, wobei es weniger auf das Übertragungsprinzip ankommt (PCM oder PPM), sondern vor allem auf das Vorhandensein der erforderlichen oder wünschenswerten Misch- und Koppeleinrichtungen für die einzelnen Steuerfunktionen. Gerade hier herrschte bei Anwendern und Herstellern lange Zeit größere Verwirrung in Bezug auf Wirkungsweise und Bezeichnung der verschiedenen Optionen, denn einen Standard für die Ausstattung einer Hubschrauberfernsteuerung gab es bis in die späten 80er-Jahre nicht. Vielmehr entwickelte zunächst jeder Hersteller irgendetwas, das er für den Hubschrauberflug für hilfreich hielt – oft leider auch ohne nennenswerten Bezug zur Praxis –, und versah es mit den abenteuerlichsten Bezeichnungen, die zum Teil sehr irreführend waren bezüglich der Funktion dieser Einrichtungen. Der Drang, ein neu auf den Markt gebrachtes Fernsteuersystem mit Funktionen auszurüsten, die bisher kein anderes Fabrikat geboten hat, führte hier leider oft dazu, dass darüber die wirklich benötigten Optionen vernachlässigt wurden, sodass sie entweder nicht vorhanden waren oder nicht wie erforderlich funktionierten.

Die Einführung der Microcomputer in die Fernsteuertechnik hat, wenn auch zunächst nur langsam, schließlich die technischen Voraussetzungen für die Erfüllung aller Wünsche des aktiven Modellhubschrauberpiloten an seine Fernsteuerung geschaffen, denn erst durch sie besteht die Möglichkeit, derartige Funktionen ohne Änderungen der Hardware zu realisieren oder zu ändern. Der Vorteil dieser Technik kommt gleichermaßen Herstellern wie Modellfliegern zugute, da hierdurch auch komplexe Misch- und Koppelfunktionen mit verhältnismäßig einfachen Mitteln realisiert werden können, und das zu einem Preis, der bei konventioneller Technik nicht möglich wäre.

So gibt es inzwischen neben der Spitzengruppe der Fernsteuerungen, die sich unter anderem durch austauschbare Software mit der Möglichkeit zur Anpassung an die gestiegenen Anforderungen auszeichnen, auch die computergesteuerte Mittelklasseanlage zu einem noch vor wenigen Jahren unvorstellbar niedrigen Preis. Diese Anlagen bieten dann die wesentlichen Funktionen zur Steuerung aller auf dem Markt befindlichen Hubschrauber, verzichten aber auf die „Luxusoptionen" der Spitzenmodelle.

Die folgenden Abschnitte sollen dabei helfen, die Anforderungen an eine moderne Fernsteuerung für den Hubschraubereinsatz festzulegen, damit man beim Kauf einer neuen Anlage selbst entscheiden kann, ob und wie weit die in Betracht kommende Anlage diesen Anforderungen genügt.

Hierzu ist es zunächst jedoch erforderlich, die aerodynamischen und mechanischen Vorgänge im Hubschrauber und ihre Abhängigkeiten voneinander näher zu betrachten, denn es hat sich in der Praxis gezeigt, dass es wenig Sinn hat, eine Problemlösung vorzuführen, bevor dem Anwender das Problem überhaupt einsichtig ist. In den nachfolgenden Ausführungen soll daher der umgekehrte Weg beschritten werden, das heißt, es sollen zunächst einige Gesetzmäßigkeiten beim Modellhubschrauber in Erinnerung gerufen werden, samt der damit einhergehenden Probleme, um dann die Möglichkeiten aufzuzeigen, welche die Elektronik unserer Fernsteuerungen zur jeweiligen Problemlösung bereitstellt.

Im Anschluss daran soll ausführlich auf das HEIM-Hubschraubersystem eingegangen werden, das während seiner langjähriger Entwicklung stets maßgeblich war für den jeweiligen Stand der Modellhubschrauberentwicklung. So ist aus dem ersten STAR RANGER von Ewald Heim inzwischen eine Systemfamilie entstanden, die das gesamte Anforderungsspektrum abdeckt, vom preiswerten Anfängermodell in offener Bauweise bis zum Hochleistungs-Wettbewerbsmodell, für „Zweckmodelle" gleichermaßen geeignet wie für vorbildgetreue Nachbauten: Grund genug, sich mit diesem System ausgiebig zu beschäftigen.

I. Ansatzpunkte für die Elektronik im Hubschrauber

Einen groben Überblick über die unterschiedlichen Abhängigkeiten und gegenseitigen Beeinflussungen der Systemkomponenten im Modell vermittelt die *Abb. 1.* Ebenso werden hier einige Möglichkeiten zur Kompensation dieser Effekte und zur Entkoppelung der Steuerung angedeutet.

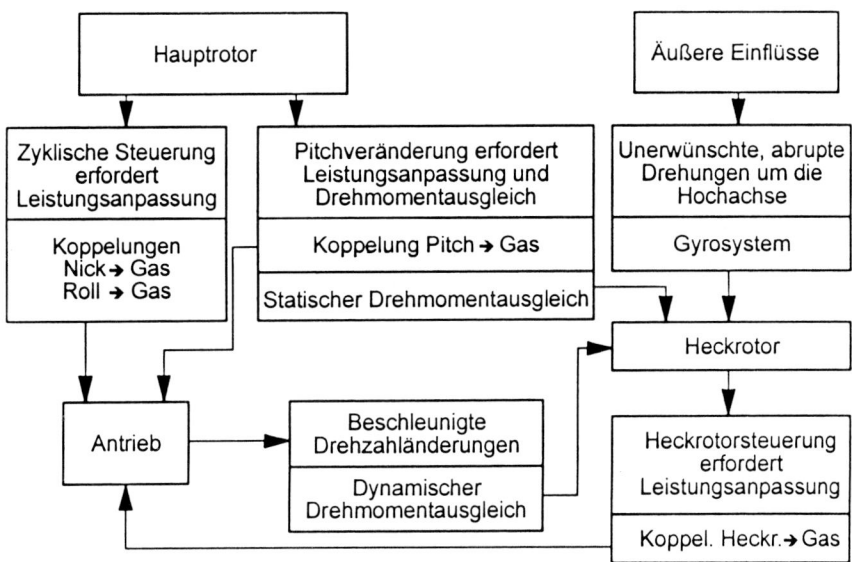

Abb. 1: Übersicht: Unterschiedliche Abhängigkeiten und ihre Kompensation

1. Systemdrehzahl

Es soll hier als bekannt vorausgesetzt werden, dass bei Hubschraubern der heute meist verwendeten Bauart mit einem Hauptrotor und einem Heckrotor (zum Drehmomentausgleich) jede Steuerfunktion eine Laständerung des Antriebs zur Folge hat und somit auch einer Korrektur des Drehmomentausgleichs bedarf, also einer Steuerkorrektur am Heckrotor. Glücklicherweise sind die Abhängigkeiten zwischen Steuerfunktion und erforderlichen Korrekturen an Antriebsleistung und Drehmomentausgleich meist einfach und linear, leider aber nicht immer. So ist beispielsweise die Veränderung des Heckrotorpitch als Ausgleich für die Hauptrotor-Pitchsteuerung direkt proportional zur Einstellwinkelveränderung der Hauptrotorblätter; jedoch nur unter der Voraussetzung, dass die Systemdrehzahl konstant bleibt. Andernfalls ergeben sich durch Beschleunigungseffekte nichtlineare Abhängigkeiten, die sich in der Praxis mit einfachen Mitteln kaum beherrschen lassen. Oberstes Ziel bei allen Einstell- und Abstimmarbeiten am Hubschrauber ist daher eine konstante Systemdrehzahl, die möglichst unabhängig von allen Steuerbewegungen und Flugzuständen ist.

2. Abstimmung von Pitch und Gas

2.1 Vorüberlegungen

Diese an und für sich recht einfach klingende Forderung birgt nun allerdings fast die gesamte Problematik des heutigen Modellhubschraubers mit seiner früher nie für möglich gehaltenen Leistungsfähigkeit in sich. Da ist zunächst einmal die recht einleuchtende Abhängigkeit zwischen dem Einstellwinkel der Hauptrotorblätter und der dazu erforderlichen Antriebsleistung des Motors: Wenn der Einstellwinkel erhöht wird, erhöht sich auch der Rotorschub, also der Auftrieb, und dazu wird eben mehr Motorleistung benötigt – der Vergaser muss weiter geöffnet werden. Ausgehend vom Schwebeflugzustand stellt man also fest, dass zu jedem Einstellwinkel der Hauptrotorblätter eine bestimmte Vergaserstellung gehört, wenn die Drehzahl konstant bleiben soll. Man hat dann bei 0 Grad Einstellwinkel keinen Auftrieb, bei einem Einstellwinkel um 4 Grad (je nach Hubschrauber) den Schwebeflugpunkt, d.h., der Hubschrauber schwebt in gleich bleibender Höhe ohne zu steigen oder zu fallen, und bei einem Einstellwinkel um ca. 8 bis 10 Grad (abhängig von der Motorleistung) das maximale Steigen. Man hätte also beim Schwebeflugpunkt-Pitch ein Verharren in der Höhe, bei höherem Pitch Steigen, bei niedrigerem Pitch ein Fallen des Hubschraubers. Das gilt allerdings leider nur für den Fall, dass der Hubschrauber bei Windstille auf der Stelle steht. Sobald er sich relativ zur umgebenden Luft bewegt, wird der Übergangsauftrieb der Rotorkreisfläche wirksam. Man stellt sich das vereinfacht so vor, dass die in Bewegungsrichtung schräg gestellte Rotorfläche im Vorwärts- (aber auch im Rückwärts- und Seitwärtsflug) stärker durchströmt wird und dadurch erhöhten Auftrieb liefert. Das führt dazu, dass zum Einhalten einer konstanten Höhe weniger Pitch (und auch Motorleistung) benötigt wird als vorher im Schwebeflug. Gleichzeitig muss man feststellen, dass das Modell mit Vorwärtsfahrt schlechter fällt und auch mit 0 Grad Pitch keineswegs (wie im Schwebeflug) wie ein Stein herunterfällt, sondern noch einen erstaunlichen Gleitwinkel besitzt. Man wird daher, um auch aus dem Vorwärtsflug heraus steile Landeanflüge durchführen zu können, den Pitch-Verstellbereich nach unten auf negative Werte erweitern müssen; um wie viel, das hängt unter anderem vom Modellgewicht und von den Rotordaten ab. Festzuhalten ist also, dass Pitchverstellung und Vergaserverstellung miteinander gekoppelt sein müssen, um dem unterschiedlichen Leistungsbedarf bei verschiedenen Einstellwinkeln Rechnung zu tragen. Entscheidend für den Erfolg ist jedoch die Art und Weise, wie diese Koppelung erfolgt.

2.2 Gemeinsames Servo für Gas und Pitch

Die einfachste Methode ist natürlich, Gas und Pitch von einer einzigen Rudermaschine betätigen zu lassen. Das sieht dann so aus, dass beim Betätigen der Pitch/Gas-Steuerung vom Pitch-Minimum aus in Richtung Pitch-Erhöhung zunächst die Systemdrehzahl vom Leerlauf aus bis auf die vorgesehene Nenndrehzahl ansteigt, der Hubschrauber bei weiterer Pitcherhöhung abhebt und bei noch weiterer Erhöhung in den Steigflug übergeht, wobei die Drehzahl konstant bleibt.

Das vordere Servo kippt zur Pitchsteuerung die beiden hinteren Servos (Rollen und Nicken), wodurch die Taumelscheibe gehoben und gesenkt wird. Die Vergasersteuerung erfolgt über ein separates Servo (Schlüter Junior 50)

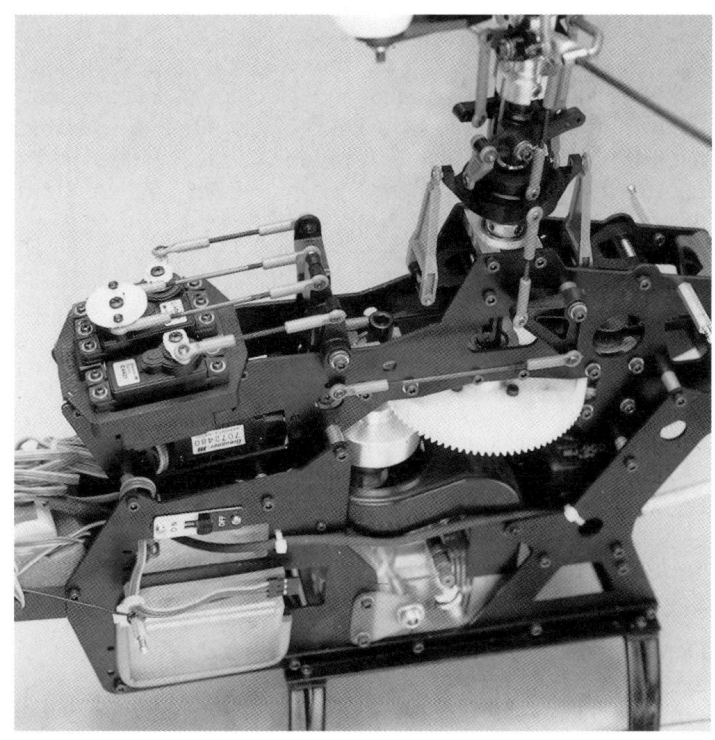

„Ergo 30" von Graupner/JR. Die Mischung von kollektiver und zyklischer Blattverstellung erfolgt mechanisch

Durch entsprechend differenziertes Einhängen der Gestänge an der Rudermaschine kann man erreichen, dass die Nenndrehzahl etwa zwei bis drei Rastpunkte
vor dem Abhebepunkt erreicht wird und dann konstant bleibt. Der Schwebeflugpunkt sollte dann etwa in Steuerknüppel-Mittelstellung erreicht werden.

Bei steilen Landeanflügen mit diesem System wird nun die Drehzahl unerwünscht herabgesetzt, da man ja mit dem Pitch weit unter den Schwebeflugbereich heruntergehen muss. Das wird natürlich beim Abfangen sehr lästig, da
jetzt erst die Drehzahl wieder aufgebaut werden muss; außerdem lässt durch die
verringerte Drehzahl während des Anflugs die Steuerwirkung nach, was ebenfalls
sehr unerwünscht ist. Zudem ist die Abstimmung von Gas und Pitch durch
Umhängen der Gestänge an der Servoscheibe recht zeitaufwändig und kompliziert.

2.3 Getrennte Servos für Gas und Pitch

Man verwendet daher heute meist getrennte Servos für Gas und Pitch, deren
Koppelung nun durch das Helikopterprogramm im Sender vorgenommen wird.
Das bringt gleich mehrere Vorteile mit sich. Zunächst einmal laufen Pitch- und
Gasservo in Abhängigkeit vom Pitch-Steuerknüppel synchron, gerade so, als
hätte man einen Kombiswitch verwendet; Trimmungen, Steuerwegeinstellungen
und Einstellungen der Steuerkennlinien wirken jedoch getrennt auf die Servos.

2.3.1 Leerlauftrimmung

Da gibt es dann zunächst die Leerlauftrimmung, die nur auf das Gasservo und
nur in der unteren Knüppelstellung wirksam ist. Vollgaseinstellung und, was beim
Hubschrauber noch wichtiger ist, die Schwebeflug-Gaseinstellung werden davon
nicht beeinflusst (Abb. 2.3.1). Ist der Verstellbereich groß genug, so kann man
darüber hinaus während des Fluges mit der Leerlauftrimmung die Drehzahl im
unteren Bereich wesentlich anheben, sodass das oben geschilderte Zusammenbrechen der Drehzahl beim steilen Landeanflug mit weit zurückgenommenem Pitch gemildert wird.

2.3.2 Gasvorwahl

Völlig verhindern kann man diesen unangenehmen Effekt mithilfe der Gasvorwahl. Fälschlicherweise wird manchmal auch ein einfacher Trennschalter für Gas
und Pitch als „Gasvorwahl" bezeichnet, da man während der Trennung das
Gasservo mit einem separaten Poti auf einen bestimmten Wert einstellen kann.
Tatsächlich hat man früher diese Option als Notlösung für das Rollenfliegen
benutzt, heute wird dieser Trennschalter nur für die Autorotation genutzt.

Die Gasvorwahl wirkt völlig anders. Hierbei gibt es nun je nach Fernsteuerung
sehr unterschiedliche Systeme. Ursprünglich wurde zur Gasvorwahl das Gasservo mithilfe eines Einstellreglers bei Pitch in Minimalstellung so angesteuert,

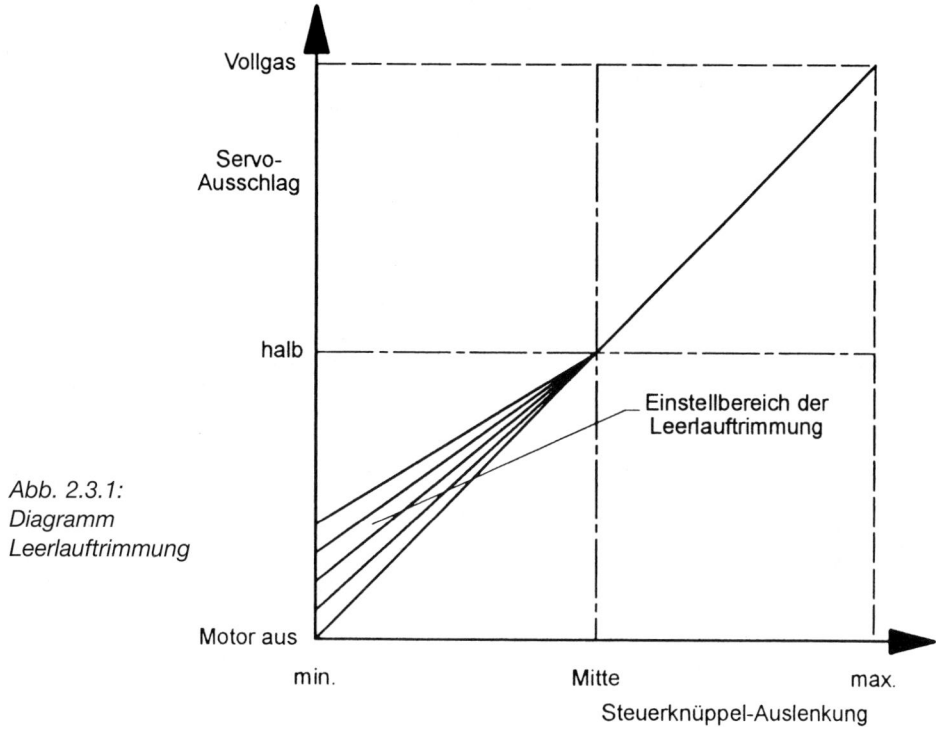

Abb. 2.3.1:
Diagramm
Leerlauftrimmung

Vollgas

Servo-
Ausschlag

halb

Einstellbereich der
Leerlauftrimmung

Motor aus

min.   Mitte   max.

Steuerknüppel-Auslenkung

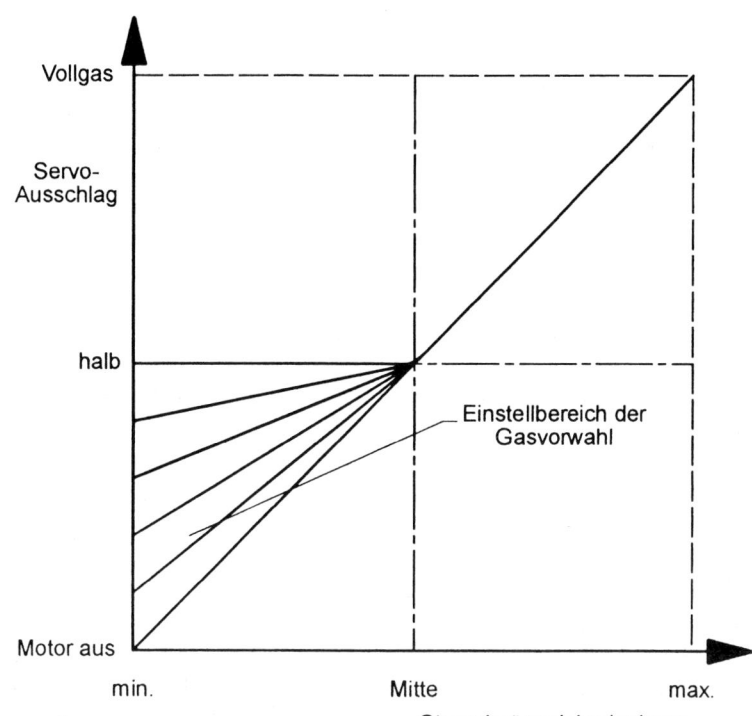

Abb. 2.3.2:
Diagramm
Gasvorwahl

Vollgas

Servo-
Ausschlag

halb

Einstellbereich der
Gasvorwahl

Motor aus

min.   Mitte   max.

Steuerknüppel-Auslenkung

17

Moderne Fernsteuerungen ermöglichen die Vorgabe sowohl des Gasvorwahlwertes als auch des Übernahmepunktes

dass schon jetzt die Nenndrehzahl erreicht wurde, also die Drehzahl, die man im Flug als konstante Drehzahl haben will. Erhöhte man nun das Pitch vom Minimum aus, so blieb das Gasservo zunächst stehen, bis der Pitchsteuerknüppel die Stellung erreichte, bei der das Gasservo ohne die Gasvorwahl ebenfalls an dieser Stelle gestanden hätte. Von diesem Punkt an, dem so genannten „Übernahmepunkt", wurde das Gasservo wie vorher vom Pitchsteuerknüppel direkt mitgenommen, um eben dem unterschiedlichen Leistungsbedarf je nach Flugzustand Rechnung zu tragen. Wird nun beim schnellen Sinkflug das Pitch weit zurückgenommen, so kann jetzt das Gasservo nicht unter den vorher eingestellten Wert zurücklaufen, wodurch ein Absinken der Drehzahl verhindert wird. Allerdings kann es jetzt passieren, dass durch das Fallen mit negativen Pitchwerten die Drehzahl sogar ansteigt, da nun dem Rotor aus der Sinkgeschwindigkeit heraus Energie zugeführt wird, im Gegensatz zu der Situation – Stillstand am Boden –, in der die Gasvorwahl eingestellt wurde. Bei einigen Hubschraubertypen führt dieses zu unangenehmen Nebeneffekten, sodass man dieses „Auftouren" vermeiden sollte. Man kann das nur erreichen, indem die Gasvorwahl so gestaltet wird, dass das Gasservo auch unterhalb des Übernahmepunktes schon vom Pitch beeinflusst wird, allerdings nur sehr schwach *(Abb. 2.3.2)*. Der Übergang sollte dann progressiv weich sein, bis zur direkten Koppelung von Gas und Pitch ab dem Übernahmepunkt. Wichtig ist vor allem, dass die Gasvorwahl, die bei modernen Anlagen zugeschaltet werden kann, den Schwebe- und Steigflugbereich nicht beeinflusst, damit die vorher mühsam erzielte Abstimmung von Pitch und dazu passender Vergaserstellung nicht durch jede Veränderung an der Gasvorwahl zunichte gemacht wird. Leider gibt es noch Fernsteuerungen mit Helimodulen, bei denen genau das nicht der Fall ist. Hier wird beispielsweise der nach der Gasvoreinstellung noch verbleibende Servoweg einfach linear auf den gesamten Pitchknüppelweg verteilt, was natürlich nur wenig Sinn ergibt. Genauso störend ist es, wenn die Gasvorwahleinstellung die Leerlauftrimmung beeinflusst und der Übernahmepunkt von der Leerlauftrimmung nicht überschritten werden kann.

2.3.3 Einstellung der Gas-Steuerkurve

Hilfreich sind Einrichtungen, die eine Beeinflussung der Steuerkennlinie des Gasservos ermöglichen. Hiermit kann man dann einerseits die zum Teil recht unlinearen Wirkungsweisen vieler Vergaser ausgleichen; andererseits ist der Leistungsbedarf des Hauptrotors ohnehin exponentiell zur Pitchvergrößerung, da der Widerstand etwa im Quadrat zum Auftrieb ansteigt. Es sollte daher möglich sein, die Eckpunkte der Vergaseransteuerung, nämlich Minimum, Schwebeflugpunkt und Maximum separat einzustellen *(Abb. 2.3.3)*, wobei der Minimumwert durch die Gasvorwahl bestimmt wird, der Maximumwert durch die Vollgasstellung des Vergasers. Wichtigstes Element der Gaskurveneinstellung ist somit die Schwebeflugeinstellung, die, in Verbindung mit der nachfolgend beschriebenen Pitchkurveneinstellung, die Systemdrehzahl bestimmt.

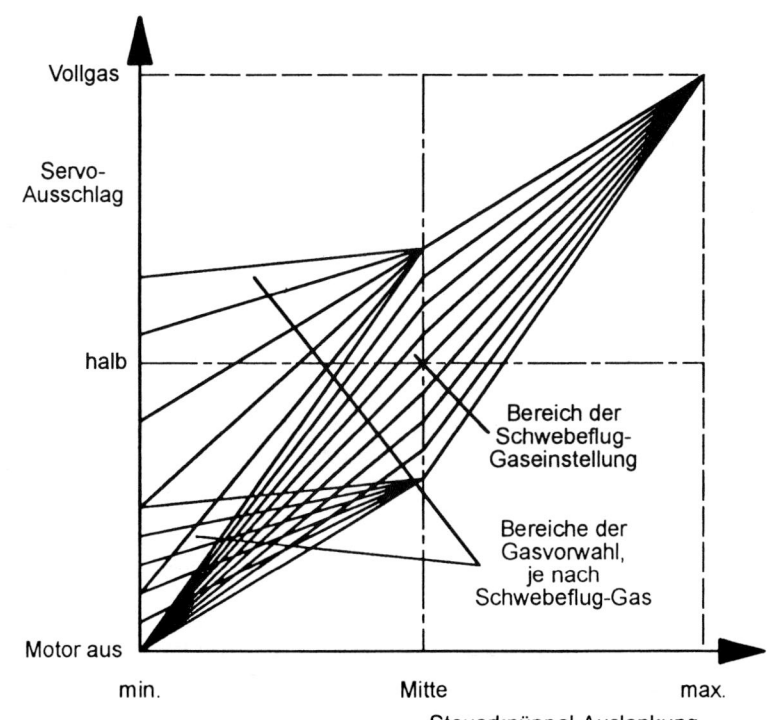

Abb. 2.3.3:
Diagramm
Gaskurve

2.3.4 Einstellung der Pitch-Steuerkurve

Die Art der Koppelung von Gas und Pitch im Heliprogramm ermöglicht es, dass man den Steuerweg für Pitch unabhängig vom Gas einstellen kann, im Idealfall fünffach, nämlich Pitchmaximum (Pitch high), Schwebeflugpunkt (Pitch hovering), Pitchminimum (Pitch low) im Normalflug und Pitchmaximum und -minimum in der Autorotation *(Abb. 2.3.4)*. Mit der Pitchmaximumeinstellung stellt man dann den oberen Pitchwert so ein, dass die Motordrehzahl bei voll Pitch nicht zusammenbricht, mit der Pitchminimumeinstellung ist die maximal gewünschte Sinkgeschwindigkeit einzustellen, und mit der Schwebeflugpunkteinstellung stellt man, in Verbindung mit der Gas-Schwebeflugeinstellung, den Schwebeflugpunkt auf die Mittelstellung des Pitchknüppels ein. Betätigt man den Autorotationsschalter, so wird zunächst einmal die Koppelung von Pitch und Gas aufgehoben und das Gasservo auf eine separate Einstellung umgeschaltet, entweder Leerlauf oder „Motor aus". Außerdem wird nun für die Pitchkurve eine andere Einstellung wirksam, sodass die optimale Abstimmung für den Sinkflug in Autorotation und das Abfangen, unabhängig von den Einstellungen für den Normalflug, vorzunehmen ist.

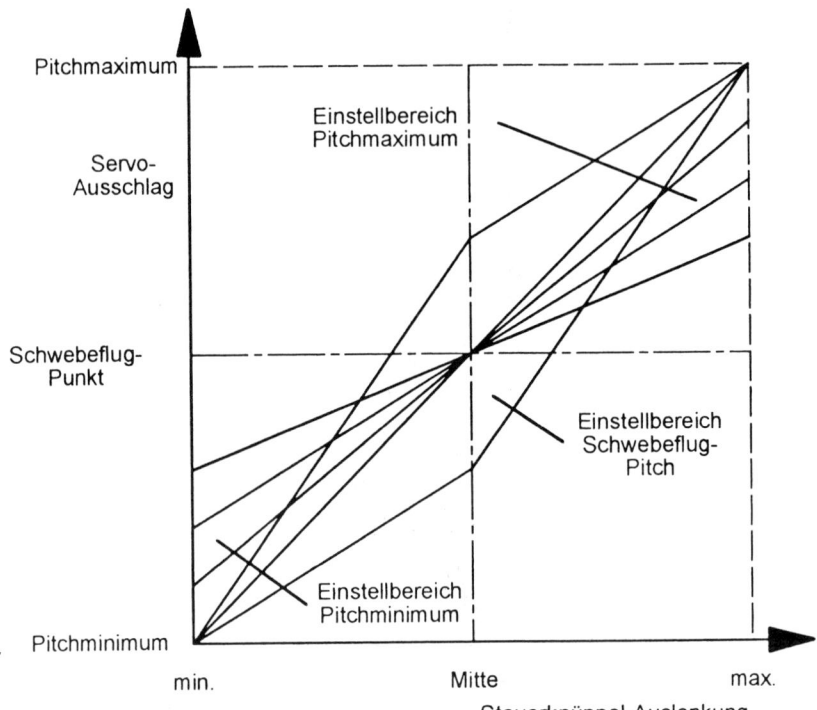

Abb. 2.3.4:
Diagramm
Pitchkurve

20

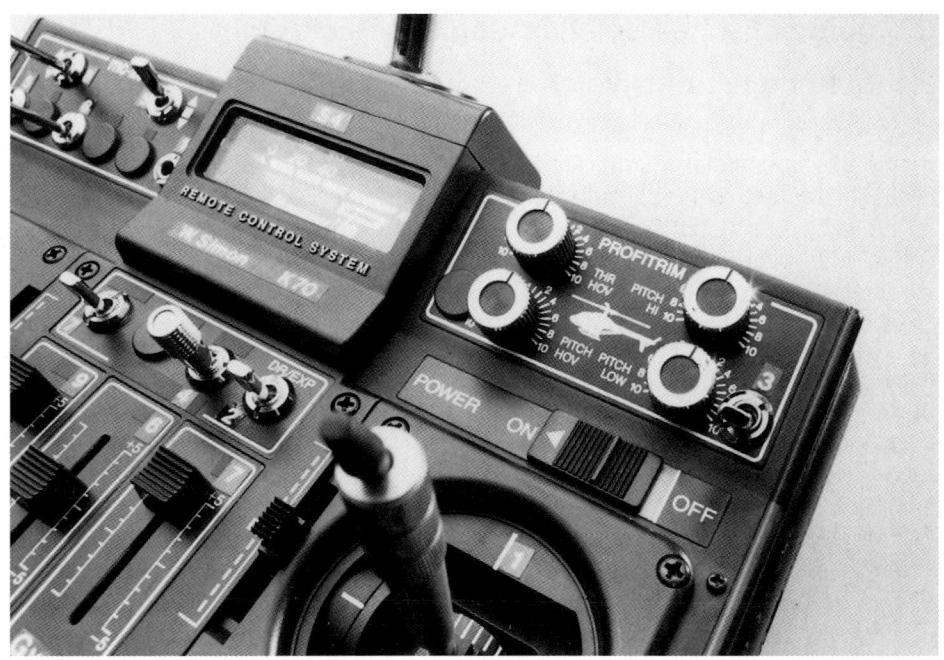

Zwei typische Ausführungen der Pitchtrimmungen:

Oben das zuschaltbare Profitrim-Modul der Graupner MC-20, mit dem Pitchmaximum und -minimum sowie Schwebeflugpitch und -gas um die voreingestellten Werte herum eingestellt werden können

Unten der Trimmersatz der robbe-CM-Basic für diesen Zweck

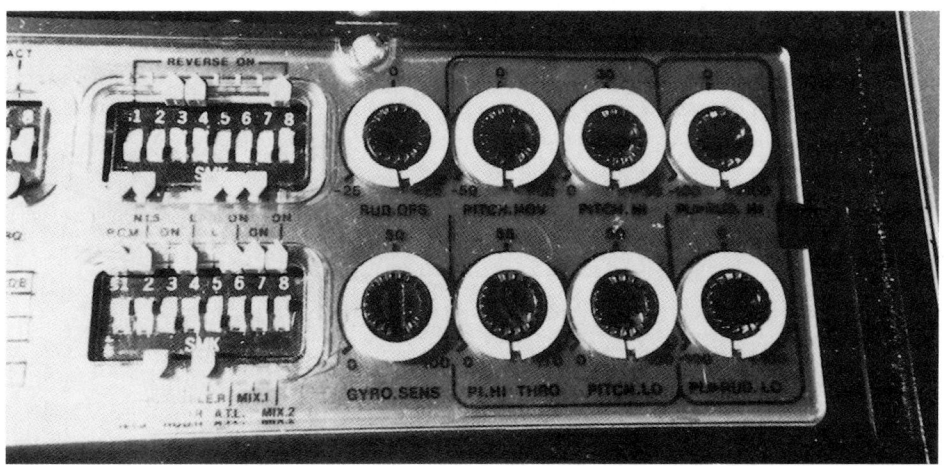

3. Automatische Beeinflussung des Heckrotors

3.1 Drehmomentausgleich

Wie eingangs erwähnt, erfordert jede Laständerung am Hauptrotor eine Dreh-momentkompensation durch den Heckrotor. Setzt man eine konstante System-drehzahl voraus, so ist die erforderliche Veränderung des Heckrotoreinstellwin-kels direkt proportional der Pitchänderung am Hauptrotor, zumindest näherungs-weise. Man kann daher diesen Ausgleich automatisch durchführen, indem man einen einstellbaren Anteil der Pitchsteuerung dem Heckrotorkanal zumischt. Für Hubschrauber, deren Hauptrotor-Pitchbereich bis zu negativen Werten reicht, ist es vorteilhaft, dass sich der Mischanteil für Pitchwerte ober- und unterhalb des Schwebeflugpunkts getrennt einstellen lässt *(Abb. 3.1)*. Diese Zumischung von Pitch zum Heckrotorkanal bezeichnet man als „Statischen Drehmomentaus-gleich", bei englisch beschrifteten Fernsteuersendern auch „Rev." (von „Revolu-tion" – Veränderung des Pitch) genannt.

Während der statische Drehmomentausgleich in Abhängigkeit vom Kollektivpitch schon relativ früh in der Entwicklungsgeschichte des Modellhubschraubers ein-geführt wurde – er ließ sich sogar mechanisch mit vertretbarem Aufwand reali-sieren –, wurde erst durch die gesteigerten Kunstflugfähigkeiten der modernen Hubschraubermodelle die Notwendigkeit eines weiteren statischen Drehmoment-ausgleichs deutlich, nämlich in Abhängigkeit von der zyklischen Steuerung.

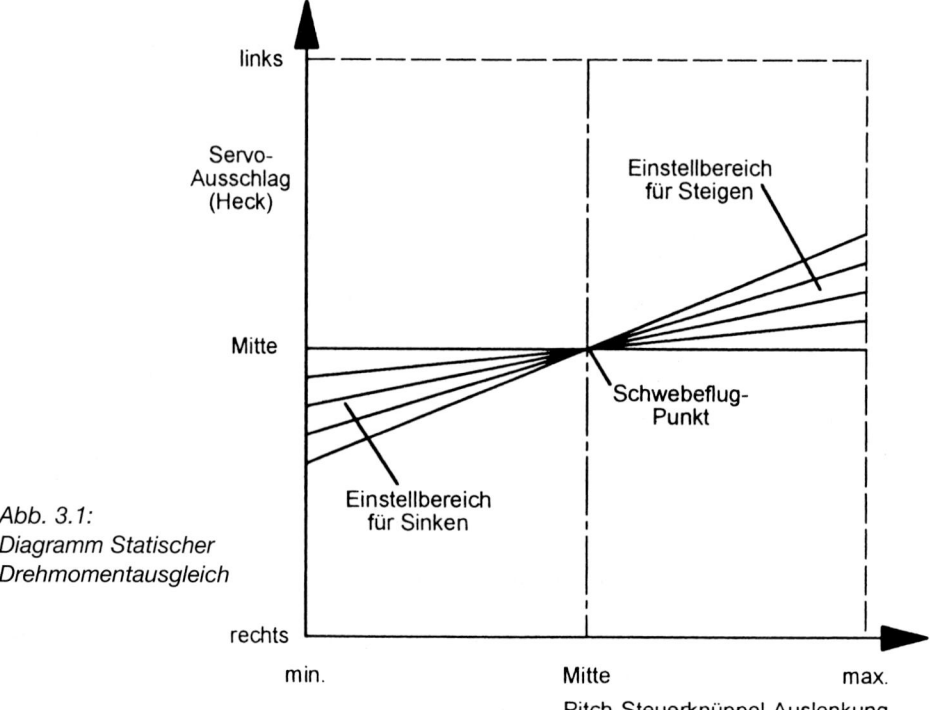

Abb. 3.1:
Diagramm Statischer
Drehmomentausgleich

Ursprünglich war so etwas nicht erforderlich, denn die alten Hubschrauber flogen mit einem relativ hohen kollektiven Einstellwinkel der Rotorblätter und sehr kleinen zyklischen Einstellwinkelveränderungen durch die Taumelscheibe, sodass man davon ausgehen konnte, dass der erhöhte Schub der einen Rotorhälfte durch den verringerten Schub der anderen Hälfte bezüglich des Drehmoments ausgeglichen wurde. Das ist bei den neueren, kunstflugtauglichen Hubschraubern nicht mehr der Fall, denn man fliegt mit verhältnismäßig kleinen kollektiven Pitchwerten und steuert sehr große zyklische Werte über die Taumelscheibe ein, die auf der einen Rotorhälfte positiven Schub erzeugen, auf der anderen Rotorhälfte negativen Schub, wodurch dann in Verbindung mit einem fast starren Rotorkopf ein entsprechendes Mastmoment erzeugt werden kann, um mit der heute üblichen Selbstverständlichkeit Rollen und Bo-Turns zu fliegen.

Es wird klar, dass diese Schuberhöhung – wenn auch auf beiden Rotorhälften mit umgekehrtem Vorzeichen – eine entsprechende Drehmomenterhöhung zur Folge haben muss, die am Heckrotor kompensiert werden sollte. Deutlich wird ein Fehlen dieses Ausgleichs, wenn man einen Bo-Turn fliegt (senkrechtes Hochziehen mit Überkippen um die Nickachse) und der Rumpf im Überkippen durch den großen Nickausschlag um die Hochachse wegdreht.

Ein entsprechender Drehmomentausgleich kann nun so erfolgen, dass man von der Nick- und der Rollsteuerung über einen entsprechenden Mixer jeweils einen einstellbaren Korrekturausschlag in den Heckrotorkanal einmischt, wobei die Mischer so arbeiten, dass, von der Knüppelmittelstellung der zyklischen Steuerung ausgehend, bei Taumelscheibensteuerung in jede Richtung der Ausgleich immer in dieselbe Richtung (Heckrotorschub vergrößern) erfolgt. Ganz korrekt wäre diese Mixeranordnung jedoch nicht, denn beim diagonalen Kippen der Taumelscheibe durch gleichzeitigen Nick- und Rollausschlag würden sich die Korrekturausschläge am Heckrotor addieren, obgleich das auftretende Drehmoment natürlich nicht größer ist als beim Kippen direkt in der Roll- oder Nickachse. Ein einwandfrei arbeitender Mixer muss also zunächst aus beiden Signalen, Rollen und Nicken, den effektiv auftretenden Kippwinkel der Taumelscheibe unabhängig von der Richtung ermitteln und abhängig hiervon den Drehmomentausgleich vornehmen.

Da dieser Drehmomentausgleich vor allem bei der oben beschriebenen Art von Kunstflugfiguren notwendig ist, wäre als vereinfachter Kompromiss auch ein lediglich von der Nicksteuerung abhängiger Ausgleich denkbar.

Einige Sender besitzen darüber hinaus noch eine Einstellmöglichkeit für den so genannten „Dynamischen Drehmomentausgleich" (Dynamic ATS), der bei den meisten Besitzern solcher Anlagen jedoch nur für Verwirrung gesorgt hat. Die englische Bezeichnung „Acc." (für „Acceleration" – Beschleunigung) sagt da schon etwas mehr: Diese Einrichtung ist ausschließlich für drehzahlgesteuerte Hubschrauber gedacht oder notfalls auch noch für solche, bei denen keine konstante Drehzahl eingehalten werden kann – oder auch konstruktiv nicht vorgesehen ist –, beispielsweise bei den frühen, mit kombinierter Drehzahl-/Pitchsteuerung ausgerüsteten Schlüter-Hubschraubern DS-22 oder GAZELLE mit „EXPERT-Rotor". Die Wirkungsweise dieses dynamischen Heckrotorausgleichs kann folgendermaßen beschrieben werden: Jedes Mal, wenn der Gassteuerknüppel bewegt wird, wird der Heckrotor für eine kurze Zeit ausgelenkt, und zwar in Richtung Heckrotorschub-Vergrößerung bei Gaserhöhung und -Verringerung bei Gasverminderung. Im Gegensatz zum statischen Heckrotorausgleich bleibt dieser Ausschlag des Heckrotors jedoch nicht erhalten, sondern der Heckrotor wird nach einem kurzen Moment wieder neutralisiert. Man bezeichnet diesen Vorgang auch sehr treffend mit „Überschwingen". Diese Einrichtung dient dazu, die nichtlinearen Drehmomentstöße auszugleichen, hervorgerufen durch die positive oder negative Beschleunigung des Systems beim Gasgeben oder Gaswegnehmen. Bei den modernen Hubschraubern mit konstanter Systemdrehzahl wird der dynamische Drehmomentausgleich nicht benötigt; er ist hier sogar störend und sollte daher unbedingt abgeschaltet werden.

3.2 Heckrotorverstellung bei Autorotationen

Gegenüber der Anfangszeit der Autorotation mit Modellhubschraubern lässt man inzwischen den Heckrotor auch beim Autorotieren mitlaufen. Seine Mittelstellung ist jedoch so justiert, dass im Normalflug das auftretende Drehmoment des Hauptrotors kompensiert wird, er also Schub nach einer Seite erzeugt. Im Autorotationszustand entsteht jedoch überhaupt kein Drehmoment mehr, es ist also auch nichts auszugleichen. Im Gegenteil kann es sein, dass durch eine hohe Reibung in Getriebe, Lagerungen oder Freilauf der Rumpf nun etwas in Drehrichtung des Hauptrotors mitgenommen wird, wodurch dann seine Längsachse nicht mehr in Flugrichtung weist. Erzeugt der Heckrotor jetzt immer noch Schub in die gleiche Richtung, so wird dieser Effekt verstärkt, wodurch einerseits das Flugbild negativ beeinflusst wird, andererseits die Gefahr besteht, dass das Modell bei der Landung schräg aufgesetzt wird und eventuell sogar umkippt.

Dieser Effekt lässt sich sehr einfach dadurch beseitigen, dass man der Heckrotorsteuerung bei Betätigung des Autorotationsschalters ein entsprechendes Korrektursignal überlagert, das den Einstellwinkel der Heckrotorblätter auf 0 Grad einstellt oder sogar noch etwas weiter in die entgegengesetzte Richtung, um das Mitdrehen des Rumpfs durch die Reibung zu verringern.

3.3 Kreiselsysteme

Leider gibt es noch andere Einflüsse auf den Hubschrauber, die eine Kompensation mit dem Heckrotor erforderlich machen, beispielsweise Wind oder abrupte Lastwechsel durch die Steuerung. Äußere Einflüsse allgemein lassen sich natürlich nicht durch irgendwelche Mixer o.Ä. ausgleichen, sondern müssen im Normalfall vom Piloten ausgesteuert werden, es sei denn, man hat eine Einrichtung, die selbstständig Lageänderungen oder Bewegungen des Modells erkennt und ausgleicht. Beim Hauptrotor besaß der Modellhubschrauber von Anfang an den Hilfsrotor, der auf Grund seines Bestrebens als Kreisel seine Lage im Raum beizubehalten, dem Hauptrotor eine gewisse Stabilität verleiht; schließlich hat diese Konstruktion erst den Modellhubschrauberflug überhaupt möglich gemacht. Somit hat der Helikopter also in Roll- und Nickachse eine verhältnismäßige Stabilität, nicht jedoch um die Hochachse, also die Achse, die mit dem Heckrotor gesteuert wird. Hier ist so eine einfache, mechanische Konstruktion, wie die des Hilfsrotors, nicht möglich. Der Modellhubschrauberpilot musste also zunächst alle Einflüsse auf die Hochachse selbst aussteuern, was vor allem dem Hubschrauberanfänger erhebliche Schwierigkeiten bereitet. Auch dem fortgeschrittenen Hubschrauberpiloten gelingen diese ständig erforderlichen Steuerreaktionen meist nicht hundertprozentig oder zu spät, was das Flugbild des Hubschraubers sehr negativ beeinflusst und ihn in der Luft sofort als Modell kennzeichnet.

Hier Abhilfe zu schaffen, gelang erst verhältnismäßig spät im Laufe der Hubschrauberentwicklung. Nach ersten, im Resultat jedoch unbefriedigenden Versuchen der Fa. Kavan in diese Richtung, erschien schließlich ein System zur Heckrotorstabilisierung auf der Basis eines Kreisels, dessen Bewegungen elektronisch abgetastet und in Korrekturausschläge des Heckrotorservos umgeformt werden. Seine zwar werbeträchtige, jedoch irreführende Bezeichnung „Autopilot" führte bei den Anwendern leider ebenso zu Missverständnissen über die Wirkungsweise dieses Gerätes, wie die zum Teil für den Neuling unverständlichen oder sogar sachlich falschen Produktbeschreibungen des Herstellers. Inzwischen gibt es derartige Kreiselsysteme von mehreren Herstellern; die Wirkungsweise ist jedoch bei allen gleich. Ausgenutzt wird hier nicht die (wohl bekannteste) Eigenschaft des Kreisels, seine Lage im Raum beibehalten zu wollen, das „Beharrungsvermögen", sondern eine ganz andere Eigenschaft: die

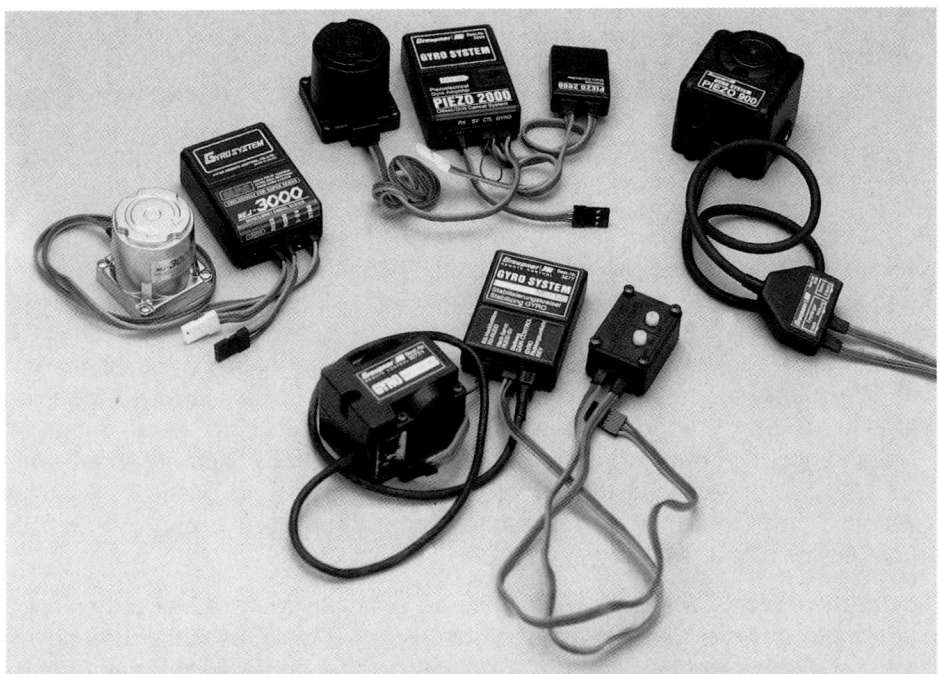

Verschiedene Kreiselsysteme: hinten die piezoelektrischen Systeme „Piezo 3000, Piezo 2000 und Piezo 900", vorn ein einfaches mechanisches System

„PRÄZESSION". Das bedeutet, dass ein Kreisel, den man gewaltsam aus seiner Lage bringt, rechtwinklig zur angreifenden Kraft ausweicht. Man spricht hier auch vom „gefesselten Kreisel", im Gegensatz zum kardanisch aufgehängten „freien Kreisel". Der Kreisel der Heckrotorstabilisierung wird durch Federn in einer Mittellage gehalten. Wird nun das ganze Gerät um seine senkrechte Achse gedreht, so erfolgt – auf Grund des oben erwähnten Präzessionseffekts – ein Kippen des Kreisels in der Horizontalen, entgegen dem Federzug. Dieses Kippen erfolgt nur während der Drehung, die Drehgeschwindigkeit bestimmt die Stärke der Kippbewegung. Nach Beendigung der Drehung wird der Kreisel durch die Neutralisationsfedern wieder in die Mittellage zurückgeführt. Die Auslenkung des Kreisels gibt also nicht etwa, wie oft fälschlich angenommen, die Abweichung von einer bestimmten Richtung an, sondern lediglich Größe und Richtung einer Bewegung um die Hochachse. Hört diese Bewegung auf, so ist auch der Kreisel wieder in seiner Ruhelage, auch wenn die neue Richtung völlig verschieden von der Ausgangslage ist. Man kann daher diesen Kreisel nicht dazu benutzen, eine bestimmte Richtung einzuhalten, sondern lediglich dazu, einer Bewegung um eine Achse entgegenzuwirken. Der Stabilisierungskreisel dämpft also jede festgestellte Bewegung um die Hochachse, gleichgültig, ob sie durch einen äußeren Einfluss, eine Laständerung am Antrieb oder eine Steuerbewegung hervorgerufen wurde. Das lässt aber den Verdacht aufkommen, dass die Wirkung der Heckrotorsteuerung reduziert wird. Man braucht jedoch nicht zu befürchten, dass dadurch das Modell eventuell nach einer oder sogar beiden Seiten überhaupt nicht mehr steuerbar ist, wie das bei zu kleinen Heckrotorausschlägen geschehen kann, denn der Kreisel reagiert nur auf tatsächlich in eine Bewegung umgesetzte Steuerausschläge, nicht aber auf wirkungslose, sodass auf jeden Fall eine Reaktion des Modells auf die Steuerung erfolgt. Bei richtiger Abstimmung von Kreiselwirkung und Heckrotorsteuerung wird die gleiche Steuerwirkung erreicht wie ohne Kreiseleinsatz (Vollausschlag bleibt Vollausschlag), nur dass der Kreisel jetzt jede Drehgeschwindigkeit (einschließlich Stillstand) um die Hochachse stabilisiert. Ein idealer Kreisel lässt also den Heckrotorsteuerknüppel zum direkten Eingabeinstrument für die Drehgeschwindigkeit werden.

Diesem Ideal sehr nahe kommen die relativ neuen Heckrotor-„Kreisel" auf der Basis eines Piezo-Bewegungssensors, ein Gerät also, das die Funktion eines Heckrotorkreisels hat, jedoch ohne eben diesen auskommt, womit auch die Bezeichnung „Kreisel" eigentlich nicht mehr zutrifft. Da man sich jedoch an diesen Begriff inzwischen gewöhnt hat, wird es wohl dabei bleiben. Der Vorteil eines derartigen Systems ist das Fehlen jeglicher Massenträgheit im Sensor, der damit verzögerungsfrei, exakt und ohne jegliches Über- oder Nachschwingen arbeitet, was eine prinzipbedingt höhere Regelgeschwindigkeit und damit im Resultat bessere Stabilisierung um die Hochachse bringt. Die Wirkung kann vom Sender her stufenlos eingestellt werden.

Für mechanische Kreisel gilt die allgemeine Empfehlung der Einbauposition nahe der Hauptrotorwelle. Das beruht eigentlich nicht auf der grundsätzlichen physikalischen Funktionsweise des Heckrotorkreisels (die Winkeländerung ist unabhängig vom Abstand von der Drehachse), ist hier aber dennoch richtig, weil mechanische Kreisel auf Grund der Massenträgheit der beteiligten Komponenten eben nicht nur auf die Winkeländerungen, sondern auch auf Beschleunigungs-effekte und Zentrifugalkräfte in schlecht reproduzierbarer Weise reagieren und so in ihrer Funktion beeinträchtigt werden. Das gilt für Piezo-Kreisel prinzip-bedingt nicht, weil keinerlei mechanisch bewegte Komponenten vorhanden sind: Ein Piezokreisel ist daher unabhängig von der Einbauposition und dem Abstand von der Drehachse.

Wesentlicher Unterschied im Vergleich zu mechanischen Kreiseln ist der unver-gleichlich größere Bereich der Auflösung, also der Fähigkeit des Systems, zwi-schen langsamen und schnellen Drehungen zu unterscheiden und entsprechend differenziert darauf zu reagieren. Wo beim mechanischen Kreisel dieser Bereich weitgehend durch die Federvorspannung und Lagerreibung nach unten und die mechanischen Endanschläge für die Kippbewegung nach oben begrenzt wird, in der Hoffnung, damit ungefähr im Bereich des betreffenden Hubschraubers zu lie-gen, gibt es beim Piezokreisel prinzipbedingt keinerlei derartige Begrenzungen. Selbst wenn man die werkseitige Angabe um die Hälfte reduziert, die von einem Bereich zwischen Erddrehung (also 1 Umdrehung in 24 Std.) und 2 Umdrehun-gen/Sekunde spricht, liegen Welten zwischen den Auflösungsvermögen von mechanischen und piezoelektrischen Kreiseln. Dieses Verhalten ermöglicht es in ungleich größerem Maße als bisher gewohnt, nicht nur ungewollte Bewegungen des Modells um die Hochachse zu verhindern, sondern auch die erwünschten Drehbewegungen in ihrer Geschwindigkeit zu stabilisieren. Der Heckrotor-Steuerknüppel steuert damit tatsächlich direkt die Drehgeschwindigkeit um die Hochachse, sie ist proportional dem Steuerknüppelausschlag, natürlich unter der Voraussetzung, dass Antriebsleistung und Wirkung des Heckrotors ausreichend sind. In diesem Bereich arbeitet der piezoelektrische Kreisel tatsächlich sehr nahe am denkbaren Ideal, nämlich verzögerungsfrei und in seiner Wirkung pro-portional zur auftretenden Bewegung, doch darf man nicht übersehen, dass in dem Regelsystem um die Hochachse der Kreisel nur eine Komponente von meh-reren ist. Um es ganz deutlich zu machen: Entscheidend für beispielsweise das Stoppen einer unerwünschten Drehung, möglichst schon im Ansatz, ist nicht die Zeit, die der Kreisel benötigt, um diese Bewegung zu erkennen, sondern vielmehr die gesamte Zeit vom Auftreten der Bewegung über das Erkennen durch den Kreisel, die Ansteuerung des Servos, dessen Stellzeit für einen entsprechenden Steuerausschlag, die Bewegung der Heckrotorblätter, bis zum Wirksamwerden des erforderlichen Heckrotorschubs. Je länger diese Zeit wird, umso eher neigt das System zur Eigenschwingung, die eine Grenze darstellt für die Einstellung der Wirkungsstärke des Kreisels, je kürzer sie ist, umso höher kann man die Kreiselwirkung einstellen.

Die prinzipbedingt gegenüber einem mechanischen Kreisel besseren Eigen-schaften lassen erwarten, dass Systeme auf Piezo-Basis schließlich die her-kömmlichen Stabilisierungskreisel ablösen; das Fehlen der (teuren) feinmecha-nischen Komponenten der bisher verwendeten Kreisel lässt außerdem die Hoffnung zu, dass Piezokreisel letztlich sogar deutlich billiger angeboten werden können als die jetzigen Gyros.

3.3.1 Einstellung der Wirkungsstärke des Kreisels

Bei den meisten handelsüblichen Kreiselsystemen haben die Entwickler eine Möglichkeit vorgesehen, die Stärke der Kreiselwirkung vom Sender her beeinflussen zu können, und zwar entweder durch Umschaltung zwischen zwei vorgewählten Stärken oder durch stufenlose Umblendung zwischen zwei voreingestellten Grenzwerten. Dadurch hat man die Möglichkeit, beispielsweise in Verbindung mit der Umschaltung der Gas- und Pitchkurven für Schwebe- und Kunstflug, sowohl Schwebeflüge mit niedriger Systemdrehzahl als auch Kunstflug mit hoher Systemdrehzahl jeweils mit der maximal möglichen Stabilisierung durchzuführen. Da die effektive Wirkung des Kreisels auf den Heckrotorschub direkt drehzahlabhängig ist, muss natürlich bei einer Änderung der Drehzahl die Wirkungsstärke entsprechend angepasst werden, um die gleiche Stabilisierung zu erhalten. Die maximal mögliche Stabilisierung bei einer bestimmten Drehzahl hängt in erster Linie von der Zeitverzögerung zwischen dem Auftreten einer (unerwünschten) Bewegung und der Reaktion des Modells auf einen vom Kreiselsystem gegebenen Heckrotorausschlag ab. Wird diese Zeit zu lang, so gerät das ganze System in Schwingung, was sich durch schnelles Hin- und Herpendeln des Hecks bemerkbar macht und bis zur Unsteuerbarkeit führen kann.

Es gibt nun mehrere Möglichkeiten, diese Reaktionszeit so kurz wie möglich zu halten, um eine optimale Stabilisierung zu erreichen. Voraussetzung ist zunächst einmal ein Modell, das einwandfrei auf die Heckrotorsteuerung anspricht, und zwar unter allen Betriebsbedingungen. Ein Hubschrauber, der sich beispielsweise zeitweilig nicht oder nur zögernd in eine Richtung steuern lässt, ist für den Betrieb mit Kreiselsystem völlig ungeeignet. Dann sollte weiterhin die Anlenkung des Heckrotors völlig spielfrei sein und exakt neutralisieren. Jede Reibung und jedes Klemmen der Heckrotorsteuerung führt zwangsläufig zu einer Ansprechverzögerung und somit zu einer verringerten Stabilität, da man zur Vermeidung des Aufschwingens die Kreiselwirkung herabregeln muss. Das für die Heckrotorsteuerung verwendete Servo sollte zudem möglichst kräftig sein, um die unvermeidliche Reibung in der Ansteuerung problemlos zu überwinden und exakt zu neutralisieren; vor allem aber sollte es möglichst schnell sein, denn die Stellzeit des Heckrotorservos beeinflusst natürlich direkt die Ansprechverzögerung.

In einigen Produktbeschreibungen von Kreiselsystemen wurde die Behauptung aufgestellt, beim Einsatz des Kreisels entfalle die zur Kompensation der Pitchsteuerung erforderliche Heckrotorverstellung durch entsprechende Mixer. Das ist natürlich völliger Unsinn, da der Kreisel, wie oben erläutert, lediglich ein Dämpfer für abrupte Bewegungen um die Hochachse ist und keineswegs eine Richtungsstabilisierung. Zudem arbeitet der Kreisel umso effizienter, je mehr er für die ausschließliche Kompensation von äußeren Einflüssen benutzt wird, und je weniger Einstellungs-Ungenauigkeiten und konstruktive Schwächen des Hubschraubers er ausgleichen soll.

Das bedeutet in der Praxis, dass vor dem Einsatz des Kreisels die Einstellung des Modells so exakt wie eben möglich vorgenommen werden muss, also zunächst die Abstimmung von Gas und Pitch, dann der Drehmomentausgleich, und dass der Kreisel dann erst zugeschaltet wird, um nun nur noch äußere Einflüsse zu kompensieren. Dennoch kann es vorkommen, dass ein bei Windstille im Schwebeflug optimal eingestellter Hubschrauber bei stärkerem Wind oder im schnellen Vorwärtsflug zu pendeln beginnt, also überstabilisiert ist. Das liegt am Windfahneneffekt des Leitwerks bzw. des Heckauslegers mit der Heckrotorkreisfläche, der nun eine zusätzliche Richtungsstabilität liefert. Man muss dann die Kreiselwirkung entsprechend zurückregeln.

3.3.2 Automatische Kreiselbeeinflussung

Unklar ist, wer sich diesen Unsinn ursprünglich ausgedacht hat: Einmal eingeführt, traut sich kaum ein Hersteller von Spitzen-Fernsteuersystemen für den Hubschrauberflug diese Option wegzulassen, obgleich sie doch dem völligen Unverständnis der Kreiselfunktion entspringt. Hierbei wird fälschlicherweise davon ausgegangen, dass der Kreisel grundsätzlich die Heckrotorwirkung reduziert, und, wenn mit der maximal möglichen Stabilisierung geflogen wird, in den Situationen, in denen die durch den Kreisel verursachte Reduzierung des Heckrotorausschlags störend wäre, auf eine geringere, eventuell sogar auf überhaupt keine Kreiselwirkung umzuschalten oder überzublenden ist. Man erreicht das durch einen speziellen Mixer im Sender, der am Heckrotorsteuerknüppel angeschlossen ist (ohne Trimmung!) und der den Kanal beeinflusst, mit dem die Kreiselwirkung eingestellt wird. Die Wirkungsweisen dieser Systeme sind unterschiedlich und auch abhängig vom verwendeten Kreisel, vor allem davon, ob er vom Sender her stufenlos oder in zwei Stufen eingestellt werden kann. Bei Letzterem erfolgt eine Umschaltung auf geringere Wirkung, wenn der Heckrotorsteuerknüppel einen bestimmten, einstellbaren Punkt überschreitet; bei Zurücknahme des Ausschlags wird automatisch wieder die stärkere Wirkung eingeschaltet. Besitzt der Kreisel eine stufenlose Einstellmöglichkeit vom Sender aus, so erfolgt auch das Ausblenden der Kreiselwirkung stufenlos in Abhängigkeit von der Heckrotorbetätigung; ob das linear, linear verzögert oder progressiv erfolgen sollte, ist umstritten, und jeder Hersteller legt seinen Kreiselmixer nach eigenem Gutdünken aus *(Abb. 3.3.2)*.

Allen Systemen gemeinsam ist jedoch der Nachteil, dass bei bestimmten Flugmanövern, die einen großen statischen Heckrotorausschlag erfordern, also beispielsweise Nasenkreise, Schwanzkreise, Vier-Zeiten-Pirouetten usw. bei Wind die stabilisierende Wirkung des Kreisels gerade dann reduziert wird, wenn sie am nötigsten gebraucht wird. Das ist zu vermeiden, indem man völlig auf derartige Mixer verzichtet und stattdessen den Steuerweg des Heckrotorservos durch einen längeren Steuerhebel so vergrößert, dass der Heckrotor bei am Boden stehendem Modell schon bei etwa halbem Steuerknüppelausschlag seinen mechanischen Endanschlag erreicht. Im Flug wird dann der Kreisel die Ausschläge des Servos so weit reduzieren, dass der maximale Heckrotorausschlag erst bei Vollausschlag des Steuerknüppels erreicht wird. Der Vorteil dieser Anordnung ist eine optimale Stabilisierung in allen Flugzuständen, ohne irgendwelche Zugeständnisse zulasten der Wendigkeit machen zu müssen.

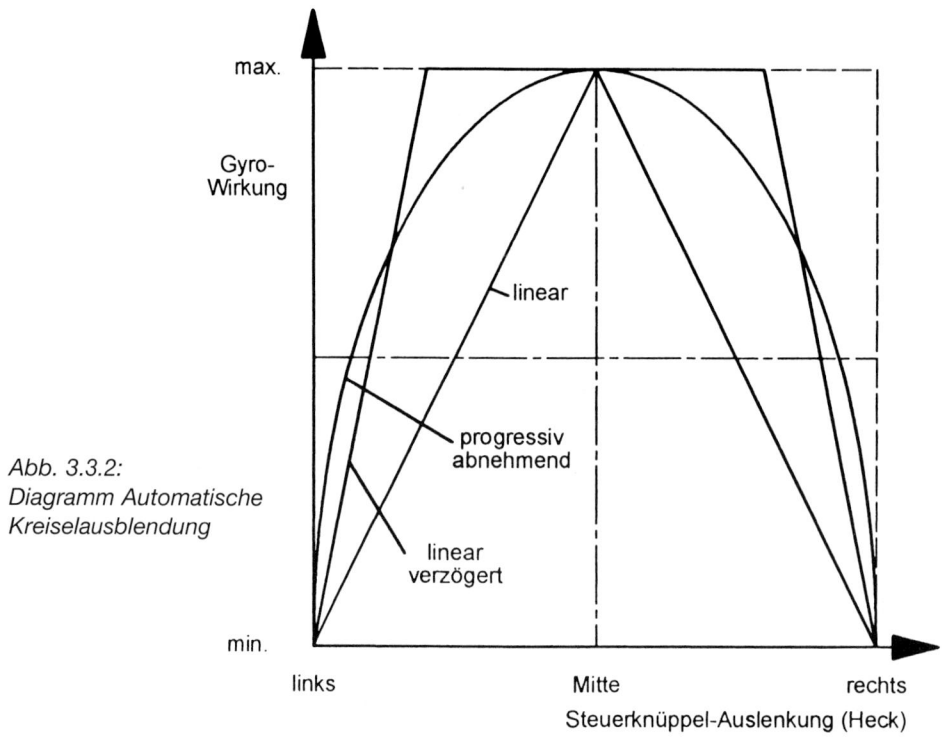

max.

Gyro-
Wirkung

linear

progressiv
abnehmend

Abb. 3.3.2:
Diagramm Automatische
Kreiselausblendung

linear
verzögert

min.

links   Mitte   rechts

Steuerknüppel-Auslenkung (Heck)

Nachteilig ist, dass hier eine sehr exakte Einstellung erforderlich ist, um ein mechanisches Auflaufen des Heckrotorservos im Flug zu vermeiden. Einen wirklichen Vorteil brachte auch unter diesem Aspekt erst der Piezokreisel „PIEZO 2000" von Graupner, der als erstes Kreiselsystem eine elektronische Begrenzung für den Servoweg nach beiden Seiten besitzt. Bringt man den Einsatz dieser Begrenzer mit den mechanischen Endstellungen der Heckrotorsteuerung in Übereinstimmung, so sind die Steuerwege vom Sender her beliebig weit aufzudrehen, ohne ein mechanisches Blockieren der Servos befürchten zu müssen.

4. Leistungsanpassung bei Heckrotorsteuerung

Bei der Beschreibung der Abhängigkeit zwischen Gas und Pitch wurde deutlich, dass jede Änderung des Rotorschubs ein Nachführen der Vergaseransteuerung erfordert, um ein unerwünschtes Ansteigen oder Absinken der Systemdrehzahl zu vermeiden. Die gleichen Zusammenhänge gelten natürlich auch im Bezug auf den Heckrotor, obwohl das bisher meist vernachlässigt wurde. Bei den im Verhältnis zu heutigen Modellen doch recht behäbigen Hubschraubern früherer Jahre nutzte man diesen Effekt sogar bewusst aus, indem man Steigpirouetten im Drehsinn des Hauptrotors flog und die jetzt für den Heckrotor nicht mehr erforderliche Leistung zum Steigen mitverwendete. Bei den heutigen, sehr beweglichen und meist auch mehr als ausreichend motorisierten Modellen ist jedoch die Drehzahlerhöhung bzw. -Verringerung in Abhängigkeit von der Heck-

30

rotorsteuerung recht störend, denn jede Drehzahlschwankung bewirkt eine Instabilität des Systems und beeinflusst negativ die gesamte Abstimmung des Modells. Da Pirouetten und die Drehung beim Turn beispielsweise wesentlich sauberer gesteuert und beendet werden können, wenn man sie durch Ver-größerung des Heckrotorschubs einleitet, also gegen die Hauptrotordrehrichtung fliegt, ist das Zusammenbrechen der Drehzahl ebenso unangenehm wie das plötzliche Auftouren beim Beenden dieser Figuren. Auch Nasen- und Schwanzkreise gelingen wesentlich besser, werden sie in Richtung des Heckrotorschubs geflogen, da dann zum Aussteuern um die Hochachse der Heckrotorschub nur in seiner Stärke variiert, nicht jedoch umgekehrt werden muss; vorausgesetzt, die Systemdrehzahl bricht dabei nicht zusammen, was aber ohne besondere Maßnahmen geschieht.

Diese Probleme lassen sich durch einen einfachen Mixer beheben, der zwischen Heckrotorsteuerung und Gasbetätigung geschaltet wird und bei Vergrößerung des Heckrotorschubs mehr Gas gibt, bei Verringerung des Schubs Gas wegnimmt. In der Praxis hat es sich jedoch als vorteilhaft erwiesen, wenn dieser Mischer nur einseitig arbeitet, nämlich dann, wenn der Heckrotorschub vergrößert wird; bei Schubverringerung nimmt er dann kein Gas heraus, was bei den modernen Hubschraubern schon deshalb nachteilig wäre, weil der Anstellwinkel der Heckrotorblätter zwar zunächst verringert, dann aber negativ wird, wodurch sich der Leistungsbedarf wieder erhöht. Der Grad der Beimischung sollte natürlich einstellbar sein. Die richtige Einstellung hat man gefunden, wenn das Modell Pirouetten in beide Richtungen etwa gleich schnell fliegt und dabei keinerlei Drehzahlschwankung zu hören ist.

5. Taumelscheibenmixer

Ein großer Teil der heute verwendeten Hubschraubermodelle verschiebt zur Pitchsteuerung die Taumelscheibe auf der Hauptrotorwelle, überlagert also schon bei der Ansteuerung der Taumelscheibe die kollektive der zyklischen Blattverstellung. Hierzu gibt es nun verschiedene Systeme.

5.1 Zweipunkt-Ansteuerung mit Ausgleichswippe

Eine sehr häufig verwendete Anlenkung dürfte das Heben der Taumelscheibe über zwei Rollservos sein (System HEIM), bei der für die Nicksteuerung eine Ausgleichswippe verwendet wird. Benötigt wird hierfür im Sender lediglich ein Mixer, der aus den ursprünglich vorhandenen Kanälen „Rollen" und „Pitch" zwei gegenläufig arbeitende Rollkanäle macht, in die ein gleichsinniger, einstellbarer Pitchanteil eingemischt wird (Abb. 5.1). Nachteil dieser Anordnung ist eine sehr ungleichmäßige Belastung der Servos, da die Nicksteuerung mit nur einem Servo über die Ausgleichswippe sehr schnell Spiel bekommt und daher das Nickservo zuerst verschleißt. Das Modell wirkt auch etwas instabil um die Querachse.

Mit den Modellen Scout und Junior ist auch Schlüter dazu übergegangen, zur Pitchsteuerung die Taumelscheibe auf der Hauptrotorwelle axial zu verschieben; die Mischung erfolgt mechanisch

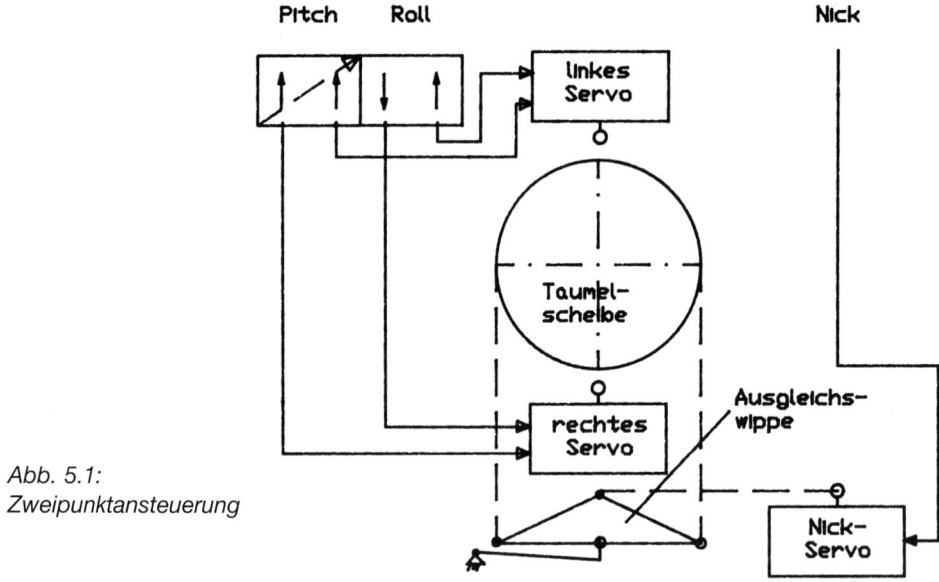

Abb. 5.1:
Zweipunktansteuerung

5.2 Asymmetrische Dreipunkt-Ansteuerung

Eine andere, vorwiegend bei japanischen Modellen verwendete Ansteuerung ist die asymmetrische Dreipunktanlenkung, bei der der vordere Ansteuerpunkt der Nicksteuerung einfach frei bleibt. Hierbei wird ein Mischer benötigt, der

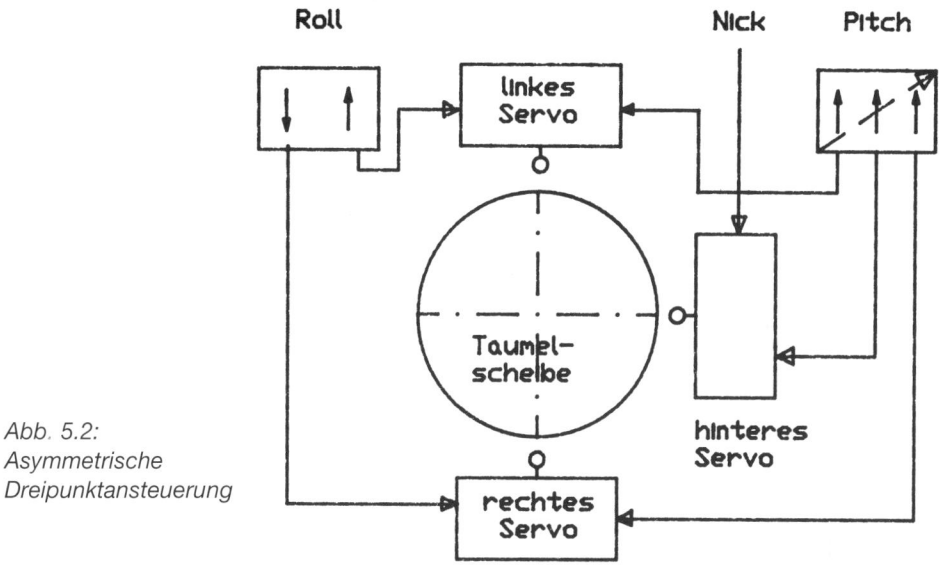

Roll　　　　　　　　　　　　Nick　　Pitch

| linkes Servo |

Taumel-
scheibe

hinteres
Servo

rechtes
Servo

Abb. 5.2:
Asymmetrische
Dreipunktansteuerung

Beispiel für asymmetrische Dreipunktansteuerung: Graupner/JR „Ergo 30"

zusätzlich zu den bei der Zweipunkt-Ansteuerung beschriebenen Funktionen auch noch die Pitcheinmischung in den Nickkanal ermöglicht *(Abb. 5.2)*. Diese Ansteuerung ist jedoch mechanisch bedenklich, da auch hier das Nickservo wesentlich stärker belastet wird als die beiden Rollservos. Eine Variante dieser Ansteuerung ist um 90° gedreht, lässt also einen der Roll-Anlenkpunkte frei, was dann den Vorteil einer höheren Präzision der Nicksteuerung zulasten der Rollsteuerung hat.

5.3 Vierpunkt-Anlenkung

Um den Problemen der ungleichmäßigen Belastungen der Servos und dem dabei auftretenden Spiel entgegenzuwirken, verwendet man die Ansteuerung der Taumelscheibe über vier Servos, also zwei Nick- und zwei Rollservos. Benötigt wird hierzu ein Vier-Servo-Mixer, der in je zwei gegensinnig arbeitende Roll- und Nickkanäle das Einmischen eines einstellbaren Pitchanteils ermöglicht *(Abb. 5.3)*. Diese eigentlich ideale Lösung erfordert vier in Ausschlaggröße und Geschwindigkeit möglichst gleiche Servos, und auch der Mixer muss mit einer sehr hohen Genauigkeit die erforderlichen Ausschläge liefern. Hauptvorteil dieser Anlenkungsart ist eine erhöhte Sicherheit durch Redundanz eines Servos, wodurch selbst bei Ausfall eines Taumelscheibenservos die Taumelscheibe nicht abrupt wegkippen kann, wie das bei anderen Anlenkungen möglich ist. Meist ist hier bei einem Servoausfall noch eine eingeschränkte Steuerbarkeit vorhanden, wodurch man zwar auf den Servofehler aufmerksam wird, dieser jedoch nicht zwangsläufig zum Absturz führt. Der Nachteil hierbei ist, dass das zusätzliche Servo natürlich auch bezahlt werden muss.

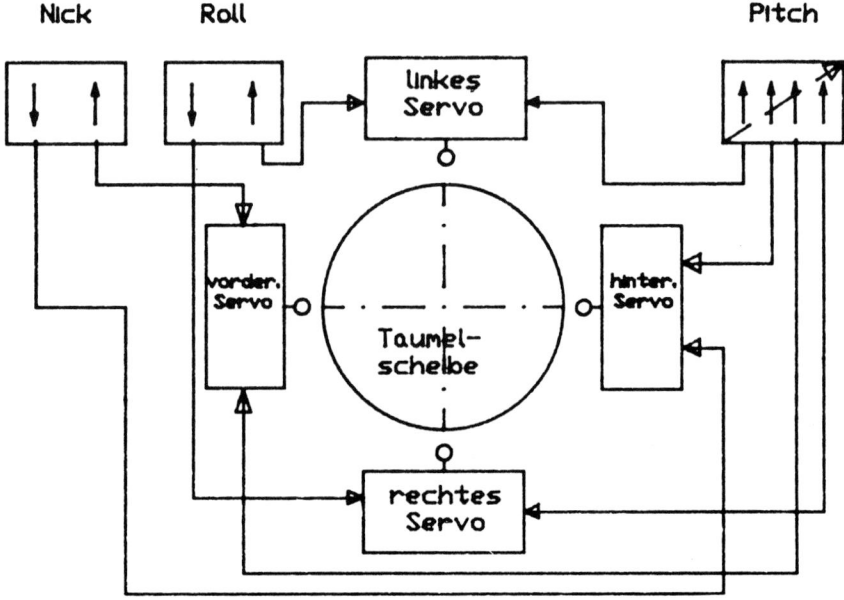

Abb. 5.3: Vierpunktansteuerung

5.4 Symmetrische Dreipunkt-Anlenkung

Die logische Art der Taumelscheibenanlenkung ist die symmetrische Dreipunkt-Ansteuerung. Am gebräuchlichsten ist hierbei die Anlenkung über ein hinteres und zwei seitliche Servos. Die Anlenkpunkte an der Taumelscheibe sind dabei um jeweils 120 Grad versetzt und bilden ein gleichseitiges Dreieck, dessen eine Spitze nach hinten weist. Diese Anordnung entstand aus der Überlegung heraus, dass eine Ebene im Raum durch drei Punkte hinreichend bestimmt ist, aus welchem Grund schließlich auch ein dreibeiniger Tisch nicht wackeln kann. Die elektronische Ansteuerung dieser Taumelscheibe gestaltet sich allerdings etwas komplizierter, lässt sich jedoch mit einer modernen Fernsteuerung bewerkstelligen *(Abb. 5.4)*. Benötigt werden hier zwei Mixer; einmal der, der schon bei der asymmetrischen Dreipunkt-Ansteuerung beschrieben wurde, um Pitch in alle drei Servos einzumischen, darüber hinaus ein zweiter Mixer, der den beiden seitlichen Servos einen einstellbaren Anteil des Nicksignals zuführt, welches das hintere Servo in voller Stärke erhält, damit die Taumelscheibe bei der Nicksteuerung wieder um die ursprüngliche Achse kippt. Für die Rollsteuerung wird kein weiterer Mixer benötigt, da das Nickservo in der Achse liegt, um die die Taumelscheibe beim Rollen kippt. Wird nun der Pitchanteil für das hintere Servo verringert, erzielt man die so genannte „Flaire-Kompensation", ein automatisches Neigen der Taumelscheibe nach vorn beim Verringern des Pitch, um ein Aufbäumen des Modells zu verhindern. Man kann diesen Effekt dann einstell- und abschaltbar machen. Derartige Mixer für die symmetrische Dreipunktansteuerung wurden erstmals 1983 von mir praktisch realisiert und finden sich inzwischen in allen modernen Hubschrauberfernsteuerungen.

Mit dieser Ansteuerung der Taumelscheibe erreicht man eine völlig symmetrische Belastung der drei Servos und eine steife und spielfreie Anlenkung, wie sie beispielsweise auch für Mehrblattrotoren unbedingt erforderlich ist.

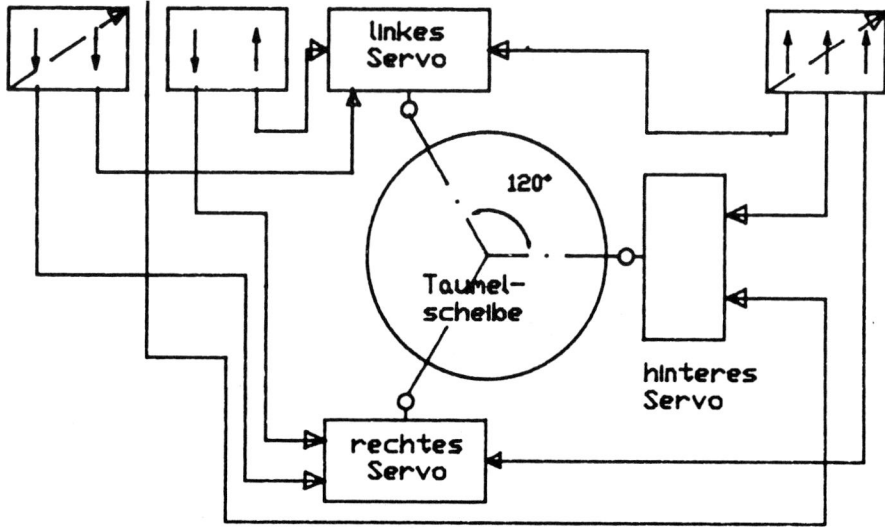

Abb. 5.4:
Symmetrische Dreipunktansteuerung

Symmetrische Dreipunktanlenkung
Oben das System, mit dem diese Ansteuerungsart vom Verfasser erstmals im Modellhub-
schrauber realisiert wurde. Die Servos werden seitlich waagerecht in den serienmäßigen
Seitenteilen festgeschraubt, wobei lediglich 2 mm starke Unterlagen verwendet werden,
jedoch keine Veränderungen an den Chassisteilen erforderlich sind. Das hintere Servo
wird, mit dem Steuerhebel nach innen, ebenfalls einfach an den Seitenteilen festge-
schraubt. Unten das daraus entwickelte „Trilink"-System der Fa. robbe, bei dem spezielle
Seitenteile verwendet werden, die einen senkrechten Einbau der Servos gestatten und
darüber hinaus auch den direkten Einbau des Gasservos ermöglichen

Symmetrische Dreipunktanlenkung mit konventionellem Einbau der Servos vorn und Ansteuerung über Umlenkhebel

Die Ausgleichswippe wird festgelegt, der daran befestigte Doppelumlenkhebel wird nur noch als einfacher Umlenkhebel für den hinteren Anlenkpunkt der Taumelscheibe verwendet. Wenn man dann noch die beiden seitlichen Umlenkhebel so nach vorn versetzt, dass ihre Achsen gleichzeitig als Befestigung für die Motorträger dienen, erreicht man eine sehr geradlinige Ansteuerung der seitlichen Anlenkpunkte der Taumelscheibe

Neben dieser nahezu klassischen Ansteuerung über zwei Rollservos vorn und ein Nickservo hinten gibt es noch drei weitere Varianten: zwei Rollservos hinten und ein Nickservo vorn, zwei Nickservos rechts und ein Rollservo links sowie zwei Nickservos links und ein Rollservo rechts. Von der Funktion her sind all diese Varianten gleichwertig, und so kommt es nur auf das Modell an, für welche Ansteuerung man sich entscheidet.

6.   Virtuelles Drehen der Taumelscheibe

Bisher ist man beim Modellhubschrauber – anders als beim Original – immer davon ausgegangen, dass die Taumelscheibe immer in die Richtung geneigt werden muss, in die sich das Modell bewegen soll. Dafür besteht jedoch überhaupt kein Grund, außer dem, dass das besonders anschaulich und in der Funktion einfacher durchschaubar ist. Damit diese Bewegung der Taumelscheibe dann jedoch richtig am Rotor ankommt, müssen die Verbindungsgestänge leider oft sehr schräg eingebaut werden, was vor allem bei Mehrblattrotoren zu großen Schwierigkeiten führen kann und nie besonders gut aussieht.

Außerdem hat sich herausgestellt, dass der allgemein angenommene Versatz von 90 Grad in der Ansteuerung keineswegs immer mit der Realität übereinstimmt, sodass bei manchen Hubschraubermodellen die Taumelscheibe schräg zur Flugrichtung eingebaut wurde. Dieser Grad der Verdrehung aus der Normallage hängt jedoch von verschiedenen Faktoren ab, beispielsweise vom Durchmesser und Gewicht des Hilfsrotors, der Größe seiner Steuerflügel, dem Verhältnis von Hauptrotorblattgewicht zum Gewicht des Hilfsrotors usw., und ist daher kaum exakt vorherzubestimmen; er muss experimentell ermittelt werden. Das lässt sich besonders einfach mit einem speziellen Mischer bewerkstelligen, der eine virtuelle Drehung der Taumelscheibe vom Sender aus (auch während des Flugs) um 45 Grad in beide Richtungen ermöglicht (Abb. 6.1). Dieser Mixer ermöglicht es ferner, bei einem Mehrblattrotor die Gestänge zwischen Taumelscheibe und Blattverstellarm genau senkrecht zu stellen und die Taumelscheibe dann so in ihrer Ansteuerung zu drehen, dass die Richtungssteuerung sinngemäß richtig ankommt.

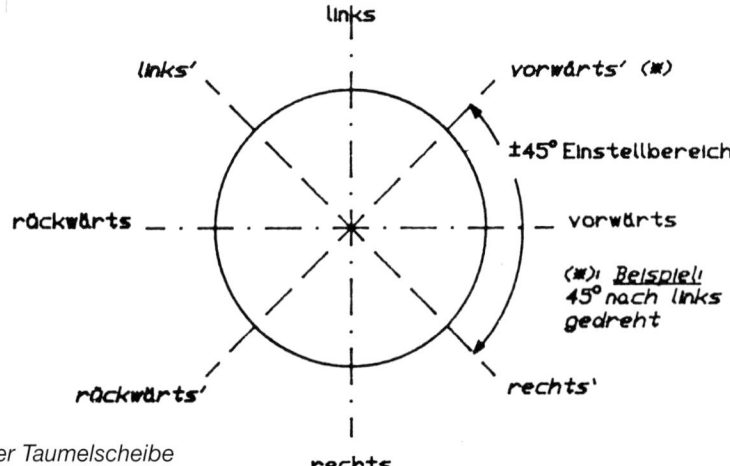

Abb. 6.1:
Virtuelles Drehen der Taumelscheibe

7. Leistungsanpassung bei zyklischer Steuerung

Anfangs ist man davon ausgegangen, dass die zyklische Blattverstellung keine Änderungen im Leistungsbedarf des Hauptrotors hervorruft. Das stimmt näherungsweise jedoch nur dann, wenn die Rotorblätter immer, also auch bei Vollausschlag der Taumelscheibe in irgendeine Richtung, einen positiven Einstellwinkel behalten und dieser nicht zu groß wird. Nur dann nämlich hebt sich der höhere Auftrieb auf der einen Seite der Rotorebene gegen den verringerten Auftrieb auf der gegenüberliegenden Seite in der Summe auf, sodass die Gesamtleistung konstant bleibt. Wird durch die zyklische Steuerung der Einstellwinkel an einer Seite zu groß, so wird hier der Widerstand überproportional zunehmen; da hierbei die Gefahr des Strömungsabrisses am Rotorblatt außerordentlich groß ist, sollten derartige Ausschläge jedoch ohnehin vermieden werden, sodass dieser Fall hier nicht weiter berücksichtigt werden muss.

Bei den modernen Hubschraubermodellen bleibt der Einstellwinkel der Rotorblätter nicht mehr ausschließlich im positiven Bereich. Besonders im Kunstflug sind negative Werte bis zu 10 Grad nicht ungewöhnlich, sodass nunmehr auch die zyklische Blattverstellung bei der Betrachtung des Leistungsbedarfs des Hauptrotors berücksichtigt werden muss. Geht man nämlich beispielsweise vom schnellen Vorwärtsflug mit einem verhältnismäßig geringen Blatteinstellwinkel und der daran angepassten niedrigen Motorleistung aus, so wird bei einem Vollausschlag der Taumelscheibe in Rollrichtung – beispielsweise, um eine Rolle zu fliegen – der Widerstand des Rotors erheblich zunehmen, denn jede Hälfte der Rotorkreisfläche liefert wesentlich mehr Auftrieb als vorher; dass die Auftriebsrichtungen der beiden Flächenhälften entgegengesetzt sind, ist unerheblich. Da im Normalfall dieser erhöhte Widerstand nicht durch eine entsprechende Anpassung der Motorleistung aufgefangen wird, muss die Drehzahl bei derartigen Manövern mehr oder weniger stark absinken. Während das bei Normalmodellen weniger stark auffällt, kann es beim Kunstflug mit direkt gesteuerten, starren Mehrblattrotoren zum Problem werden, wenn in der Rolle oder beim Bo-Turn die Drehzahl erheblich zusammenbricht. Dabei ist eine elektronische Abhilfe verhältnismäßig einfach durch einen speziellen Mixer zu schaffen, der, ausgehend von der Mittelstellung der zyklischen Steuerung, bei jedem Ausschlag der Taumelscheibensteuerung in irgendeine Richtung immer das Gas erhöht und somit einen Drehzahlabfall infolge der zyklischen Blattverstellung verhindert.

8. Drehzahlregler

Betrachtet man all die Maßnahmen, die zur Erzielung einer konstanten Drehzahl ergriffen werden müssen, so kommt die Frage auf, ob das alles nicht mit einem elektronischen Regler einfacher zu erzielen ist, der die Systemdrehzahl abtastet, sie mit einem vorgegebenen Wert vergleicht und bei Abweichungen von der Solldrehzahl das Gasservo entsprechend verstellt. Tatsächlich wird das seit langem versucht, aber erst seit Anfang der 90er-Jahre haben sich derartige Constant-Speed-Regler im normalen Flugbetrieb auf breiter Basis durchsetzen können. Der Grund für die lange Entwicklungszeit bis zu einer allgemein brauchbaren Konstruktion liegt einerseits in der grundsätzlichen Wirkungsweise eines derartigen Reglers, andererseits in den technischen Ausführungen der ersten Regler. Wie so oft bei auf den ersten Blick ganz einfach erscheinenden Lösungen, steckt auch hier der Teufel im Detail. Um die Problematik zu verdeutlichen, muss zunächst auf einige grundsätzliche Zusammenhänge eingegangen werden.

Bei einem Regelvorgang muss grundsätzlich vom gesamten System ausgegangen werden, das damit in Verbindung steht. Man bezeichnet die Gesamtheit aller betreffenden Komponenten als „Regelkreis", worin der Regler selbst nur eine Komponente von vielen ist.

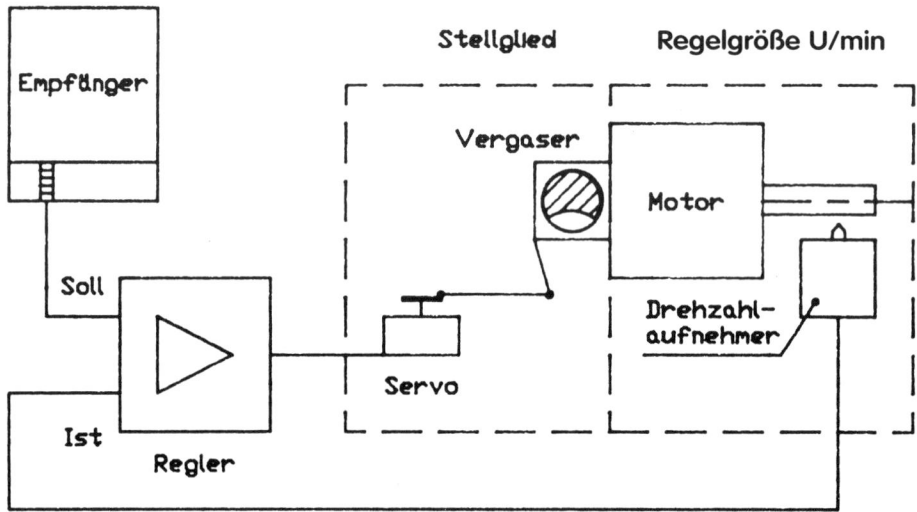

Abb. 8.1:
Funktionsschema Regelkreis Drehzahlregelung

Erst das Zusammenwirken aller Komponenten ergibt den gewünschten Effekt bezüglich der geregelten Größe, in diesem Fall der Systemdrehzahl. Im vorliegenden Fall besteht der Regelkreis außer dem Regler selbst vor allem aus dem Vergaser des Motors als „Stellglied" und dem Drehzahlaufnehmer, der zur Ermittlung des „Istwertes", also der tatsächlich anstehenden Drehzahl dient. Der „Sollwert", also die gewünschte Systemdrehzahl, wird dem Regler über die Fernsteuerung mitgeteilt. Der Regler funktioniert nun so, dass er den Sollwert der Drehzahl mit dem Istwert vergleicht und bei Abweichungen, die durch äußere Einflüsse auf den Regelkreis hervorgerufen werden, das Stellglied betätigt, hier also das Gasservo verstellt, bis eine Übereinstimmung von Soll- und Istwert wieder erreicht wird. Die „äußeren Einflüsse" sind beim Modellhubschrauber einerseits vorhersehbare Laständerungen durch die Steuerung, also beispielsweise Veränderungen der kollektiven Blattverstellung, und andererseits nicht vorhersehbare Beeinflussungen der Drehzahl, zum Beispiel durch nicht optimale Einstellung der Düsennadel. Wegen der Verschiedenartigkeit der äußeren Einflüsse und der unterschiedlichen Reaktionen des Systems darauf, hat man drei verschiedene Regler-Grundtypen entwickelt, die je nach Anwendung einzeln oder in

40

Kombination eingesetzt werden. Diese drei Grundtypen sind der Proportional-regler, der Integralregler und der Differenzialregler. Sie unterscheiden sich da-durch, auf welche Eigenschaft einer Istwertänderung sie reagieren.

Der einfachste Typ ist der Proportionalregler (P-Regler), dessen Reaktion auf eine Abweichung des Istwertes proportional zur Göße dieser Abweichung ist. Beim Hubschrauber bedeutet das, dass der Regler das Gasservo umso stärker betäti-gen wird, je größer die Abweichung von der vorgegebenen Drehzahl ist. Schwächen hat dieser Regler beim Ausregeln von kleinen Abweichungen, die unter der Auflösung des Reglers liegen, und bei schnellen Abweichungen. Zum Ausgleich kleiner Abweichungen hat man den zweiten Grundtyp entwickelt, den Integralregler (I-Regler). Er summiert diese kleinen Abweichungen über einen bestimmten Zeitraum und gleicht sie dann mit einem Korrektursignal aus, des-sen Größe von der Summe (exakt: vom Integral) dieser Abweichungen über den Zeitraum bestimmt wird. Für schnelle Abweichungen hat man den dritten Grund-typ entwickelt, den Differenzialregler (D-Regler). Seine Reaktion hängt nicht von der Größe der Abweichung, sondern nur von der Geschwindigkeit ab, mit der diese Abweichung auftritt. Der Servoausschlag wird also umso größer sein, je schneller sich die Drehzahl ändert. (Ein typisches Beispiel für einen reinen Differenzialregler ist der Heckrotorkreisel, denn auch er reagiert ja nur auf die Geschwindigkeit und nicht auf die Größe der Richtungsabweichung.)

Als optimaler Regler für Aufgaben wie die vorliegende hat sich eine Kombination der drei Grundtypen herausgestellt, der „PID-Regler". Er gleicht mittlere Abwei-chungen proportional aus, kompensiert kleine, länger andauernde Abweichun-gen mit dem Integralteil und reagiert auf schnelle Drehzahländerungen entspre-chend heftig mit dem Differenzialteil.

So einfach wie dieses Prinzip der Regelung auf den ersten Blick erscheint, so kompliziert ist seine technische Realisierung, wobei die Hauptprobleme gar nicht im Regler selbst zu suchen sind, sondern vor allem in der Wirkung des Stell-glieds auf die Regelgröße, hier also der Zusammenhang zwischen Vergaser-betätigung und erzielter Motordrehzahl. Nun wird man bei praktisch keinem Regelkreis davon ausgehen können, dass das System auf einen Eingriff des Reglers hin ohne jede Verzögerung reagiert und der Istwert sofort wieder dem Sollwert entspricht; vielmehr muss man, je nach Anwendung, mit mehr oder we-niger großen Verzögerungen rechnen. Ohne besondere Maßnahmen würden die-se Verzögerungen bewirken, dass aus dem Regelkreis ein Schwingkreis wird; im vorliegenden Fall würde beispielsweise Folgendes geschehen: Die Drehzahl ver-ringert sich durch eine Laständerung, der Regler stellt das fest und reagiert sofort durch einen entsprechend großen Ausschlag des Gasservos, da das System nicht sofort mit einer Drehzahlerhöhung antworten kann, öffnet der Regler den Vergaser immer weiter bis zur Vollgasstellung, also viel weiter als erforderlich. Mit der systembedingten Verzögerung steigt die Drehzahl wieder an, doch nun zu weit, was der Regler auch sofort merkt und in einen entsprechenden Servoausschlag umsetzt, diesmal in Richtung Leerlauf. Auf Grund der Schwungmasse des Rotors wird die systembedingte Verzögerung jetzt noch größer sein als vorher, weshalb der Regler das Servo nun in die Leerlaufposition bringt. Die verzögert einsetzende Drehzahlverringerung wird also jetzt noch heftiger erfolgen und wiederum eine noch größere Abweichung nach unten bewirken als zu Anfang. Dann beginnt der gesamte Vorgang wieder von vorn. Dieses Aufschwingen eines Regelkreises versucht man nun durch eine entsprechende Bedämpfung des Reglers in den Griff zu bekommen; man macht ihn also auch langsamer. Diese Bedämpfung eines Reglers vermindert natürlich die Qualität der Regelung, sodass man stets bemüht ist, die Dämpfung so gering wie möglich zu halten. Der Grad der Dämpfung hängt aber direkt von der oben beschriebenen Verzögerung ab, konkret also von der Zeit, die der Motor benötigt, um auf eine Vergaserbetätigung hin die Drehzahl entsprechend zu ändern.

Hier treten nun die Probleme auf, die einer Verbreitung derartiger Regler zunächst im Wege standen. Nicht allein, dass die Verzögerung in der Reaktion bei ein und demselben Motor nicht konstant ist, sondern von der Düsennadeleinstellung abhängt; der Zusammenhang zwischen der Richtung der Vergaserbetätigung und der daraus resultierenden Drehzahl ist noch nicht einmal immer eindeutig. Genau das aber ist unabdingbare Voraussetzung für einen sinnvollen Reglereinsatz. Selbst wenn die Dämpfung des Reglers sicherheitshalber so stark eingestellt ist, dass auch die größte denkbare Verzögerung berücksichtigt wird und man eine entsprechend schlechte Drehzahlkonstanz in Kauf nimmt: Der Regler muss davon ausgehen können, dass ein Öffnen des Vergasers zu einer Erhöhung der Drehzahl führt, ein Schließen des Vergasers zu einer Verringerung. Das ist aber nicht immer gewährleistet.

Eine zu fette Düsennadeleinstellung kann beispielsweise dazu führen, dass sich der Motor beim ruckartigen Gasgeben „verschluckt", die Drehzahl also kurzzeitig absinkt. In diesem Falle würde der Pilot normalerweise den Gashebel eben etwas vorsichtiger und gefühlvoller betätigen; der Regler macht jedoch genau das Gegenteil: Das „Verschlucken" des Motors bewirkt, dass der Regler den Vergaser nun ruckartig (Differenzialfall!) ganz öffnet, wodurch sich der Motor natürlich noch mehr verschluckt und die Verzögerung weiter vergrößert wird, wenn der Motor dabei nicht sogar stehen bleibt. Noch gefährlicher ist der Fall, in dem der Motor durch Überhitzung oder andere Ursachen in den mageren Bereich der Düsennadeleinstellung gerät. Hier kann sich nämlich die Reaktion des Motors auf die Vergaserbetätigung in einem gewissen Bereich geradezu umkehren; beim Öffnen des Vergasers sinkt die Drehzahl wegen Abmagerung des Gemischs ab, während sie beim Schließen des Vergasers leicht ansteigt. Diesen Fall kann der Regler aber nun nicht mehr in den Griff bekommen; er wird, um die Solldrehzahl aufrechtzuerhalten, den Vergaser ganz öffnen, wodurch wahrscheinlich der Motor stehen bleiben wird.

Die Problematik der Drehzahlregler reduziert sich in der Praxis also hauptsächlich auf den Kompromiss zwischen schneller Ausregelung jeder Abweichung, also hoher Drehzahlkonstanz, und der Dämpfung des Reglers zu Gunsten der Betriebssicherheit, auch bei nicht ganz optimaler Motoreinstellung. Gleichzeitig wird auch ein prinzipieller Nachteil dieser Regler deutlich: Sie können nur auf eine schon eingetretene Abweichung der Drehzahl reagieren, nicht jedoch sie von vornherein verhindern. Ob das nun mit geringer oder größerer Verzögerung erfolgt, ist dem Zufall und der „Tagesform" des Motors überlassen. Wenn der Regler jede direkte Einflussnahme vom Sender auf das Gasservo verhindert, können auch keine vorhersehbaren Drehzahländerungen mehr kompensiert werden, beispielsweise durch die Pitch/Gas-Mischung und all die anderen zuvor beschriebenen Systeme.

Derartige Regler können also mit Vorteil dort eingesetzt werden, wo ausreichende Leistungsreserven des Motors zur Verfügung stehen und es auf eine möglichst gleichmäßige, nicht zu hohe Drehzahl ankommt und keine leistungsintensiven Flugmanöver mit abrupten, harten Steuerbewegungen gefordert werden, sondern weiches, ruhiges Fliegen, also beispielsweise bei den FAI-Schwebeflugfiguren im Wettbewerb. Für kraftvollen, leistungsbetonten Kunstflug, wo die Reserven des Motors gebraucht werden, ist man sicher mit den oben beschriebenen Kompensationsmethoden besser beraten.

Eine Lösung zur Verbindung der Vorteile beider Systeme für den optimalen Wettbewerbseinsatz ist erstmals von mir entwickelt und mit gutem Erfolg praktisch erprobt worden. Hierbei wurde eine elektronische Umschaltung zwischen Regler und Gasservo eingefügt, die mit einem Zusatzkanal vom Sender her betätigt werden konnte. Damit war es möglich, entweder das Gasservo, so wie bisher, am Empfängerausgang für Gas zu betreiben oder, für die Schwebeflugfiguren, auf den Ausgang des Reglers umzuschalten. Man erreichte damit bei den Schwebeflugfiguren durch eine niedrige, konstante Drehzahl ein sehr ruhiges Flugverhalten und schaffte leichter den geforderten exakt senkrechten Auf- und Abstieg bei den Figuren, die jeweils Start und Landung erfordern, weil die Drehzahl schon bei auf dem Boden stehendem Modell stimmt, ohne bei den Kunstflugfiguren auf die Leistungsreserven verzichten zu müssen, die beispielsweise durch den Mixer aktiviert werden, der das Gas in Abhängigkeit von der Taumelscheibensteuerung erhöht. Außerdem hatte man damit die Möglichkeit, den Motor wie gewohnt erst einmal richtig einzustellen, was bei von vornherein eingeschaltetem Regler nicht so einfach war, da der Reglereinsatz eine Beurteilung der Motorreaktionen auf die Steuerung erschwert. Mit der elektronischen Umschaltung jedoch sind die Vorteile beider Systeme zu nutzen.

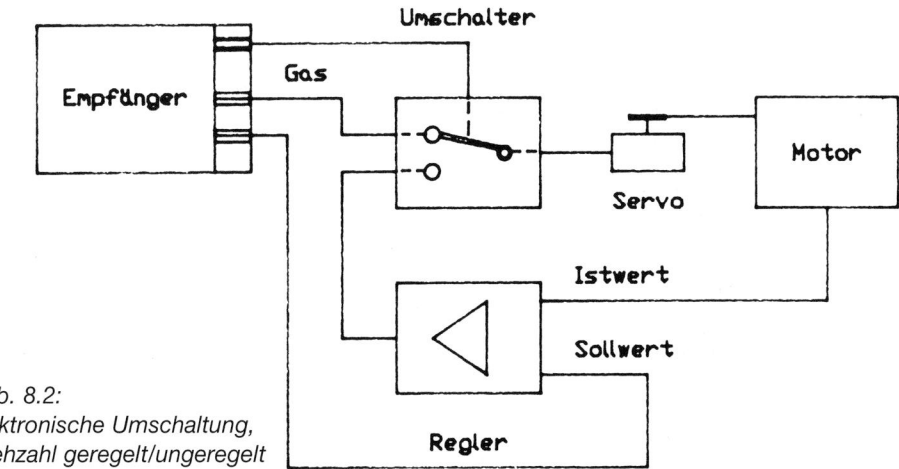

Abb. 8.2:
Elektronische Umschaltung,
Drehzahl geregelt/ungeregelt

Mikroprozessorgesteuerte Drehzahlregler

Den endgültigen Durchbruch auf breiter Basis brachte auch hier, wie schon im Bereich der Fernsteuersender, der Einsatz von Mikroprozessoren, zusammen mit einem im Laufe der Zeit zum Standard gewordenen System zur Drehzahlaufnahme. Erst mit dieser Technik wurde es nämlich möglich, vorhersehbare Laständerungen in den Regelvorgang mit einzubeziehen und auch sonst die Handhabung des Reglers in der Praxis zu optimieren.

Der erste derartige, in großer Serie hergestellte Regler wurde von der Firma robbe als „CSC-2" angeboten und beruhte auf einer Konstruktion von Roland Frech. Dieser Regler verwendete zur Drehzahlaufnahme einen Hall-Sensor, also ein Halbleiterbauteil, das auf magnetische Felder reagiert. Drei am Hauptzahnrad der Mechanik angebrachte kleine Dauermagnete erzeugen in diesem Hallelement jeweils einen kräftigen Impuls, wenn sie in einem Abstand von ca. 1 mm daran vorbeigeführt werden. Dieses System der Drehzahlaufname hat inzwischen in allen modernen Reglerschaltungen Einzug gehalten, und auch die Hersteller der Helikoptermechaniken unterstützen es durch entsprechende Anformungen und Aufnahmen für Magnete und Sensor.

Die „Intelligenz" einer Mikroprozessorsteuerung ermöglicht es nun, neben dem eigentlichen, eingangs beschriebenen Regelvorgang noch weitere Funktionen zu berücksichtigen: Neben dem Einstellkanal für die Solldrehzahl wird auch der normale „Gas"-Kanal an den Regler geführt, sodass auch er vom Regler ausgewertet werden kann. Daraus ergeben sich dann die folgenden Möglichkeiten:

1. Eine Umschaltung zwischen geregeltem und ungeregeltem Betrieb ist jederzeit möglich. Der ungeregelte („passive") Betrieb lässt sich einerseits über den Einstellkanal für die Solldrehzahl (unterer Anschlag), andererseits auch über den Gaskanal (Unterschreiten eines Minimalwertes, z.B. bei Betätigen des Autorotationsschalters) erzwingen.

2. Die Handhabung des Reglers wird dadurch vereinfacht, dass der Motor im „passiven" Betrieb angelassen wird, gerade so, als sei kein Regler vorhanden. Die Umschaltung in den Reglerbetrieb erfolgt erst, wenn der Gaskanal oberhalb des Minimalwerts eingestellt ist (Gasvorwahl eingeschaltet), der Sollwertkanal eine entsprechende Drehzahl vorgibt und der Rotor eine bestimmte Drehzahl erreicht hat.

3. Die Auswertung des Gaskanals ermöglicht es dem Regler, auf vorhersehbare Laständerungen zu reagieren, wenn im Sender die beschriebenen Möglichkeiten zur Leistungskompensation benutzt werden, sodass jede Lasterhöhung eine entsprechende Beeinflussung des Gaskanals hervorruft. Der Regler erkennt dann Größe und Richtung der Laständerung schon vor ihrem Wirksamwerden und betätigt das Gasservo entsprechend. Diese als „Gas-Vorsteuerung" bezeichnete Reaktion wird dem Regelbetrieb überlagert und sorgt auch im Kunstflug für eine weitgehend konstante Drehzahl.

Bei den robbe-Reglern der Muster „CSC-2" bis „CSC-4" wird der Stellbereich von Gas- und Sollwertkanal durch den Regler fest vorgegeben, sodass man die Vergaseranlenkung entsprechend diesen Vorgaben gestalten muss, ebenso die Anpassung der Steuerwege des Senders. Im Reglerbetrieb hat der Regler die Möglichkeit, den Motor im gesamten Bereich zwischen Leerlauf und Vollgas anzusteuern; auch dieser Bereich ist fest vorgegeben und lässt sich nicht ändern. Das Herunterregeln bis in den Leerlaufbereich hat den Nachteil, dass beim kräftigen Entlasten des Antriebs, beispielsweise im Kunstflug oder bei steilen Sinkflügen, das System in Eigenschwingung gerät, wodurch derartige Regler vorwiegend nur für den Schwebeflug verwendet und im Kunstflug abgeschaltet werden, um diesen unangenehmen Effekt zu vermeiden. Verhindern kann man das, wenn die untere Grenze für den Regelbereich einstellbar gemacht wird, sodass der Vergaser nicht unter eine bestimmte Stellung geschlossen werden kann. Wird nun der Motor vom Rotor „überholt", so steigt zwar die Systemdrehzahl an, doch ist das bei weitem nicht so unangenehm wie das zuvor beschriebene Aufschwingen.

Dieses ist unter anderem bei den Drehzahlreglern von Graupner realisiert worden. Sie werden in zwei Ausführungen angeboten, nämlich für Helis mit Verbrennungsmotor und für Elektrohubschrauber. Bei letzterer Sorte wurde dem Regler gleich noch ein Drehzahlsteller für Elektromotoren mit einer Belastbarkeit von 45/60 A bei 33,6 V mitgegeben. Diese mikroprozessorgesteuerten Regler zeichnen sich durch eine besonders einfache Handhabung aus und verwenden die gleichen Sensoren und in das Hauptzahnrad eingelassene Magnete wie die Regler CSC-2 bis CSC-4 von robbe. Im Gegensatz zu den bis dahin verwendeten Reglern müssen hier nicht mehr Steuerweg des Senders und Vergaseranlenkung nach den Bedürfnissen des Reglers justiert werden; vielmehr stellt man, wie gewohnt, mit den elektronischen Optionen des Senders die Vergaserbetätigung ein, um dann mithilfe eines Programmiertasters am Regler diesen auf die eingestellten Werte des betreffenden Modells zu programmieren, und zwar bezüglich Steuerweg und -richtung des Gaskanals und des Zusatzkanals für die Sollwertvorgabe des Reglers. Über diesen Zusatzkanal kann der Regler auch ein- und ausgeschaltet werden. Die Logik der Regler verhindert nicht nur ein ungewolltes Hochlaufen der Drehzahl aus dem Leerlauf heraus, sie erkennt auch, wenn der Motor auf Grund äußerer Einflüsse dem Regler nicht mehr folgen kann, sei es, weil die Düsennadel falsch steht oder einfach, weil der Sensor ausgefallen ist: In diesem Fall gibt der Regler die Kontrolle über das Gasservo direkt an den Gaskanal des Senders zurück.

Programmiert man bei diesem Regler den unteren Wert für die Vergaseransteuerung in den Bereich zwischen Leerlauf und Gasvorwahl, so ist auch im Reglerbetrieb uneingeschränkter Kunstflug möglich.

9. „3-D"-Fliegen

Anfang der 90er-Jahre wurde in Deutschland von ausländischen Helipiloten erstmals ein Flugstil vorgeführt, zu dem man bislang noch nichts Vergleichbares gesehen hatte: Überschläge in Schwebeflughöhe, Loopings in Zeitlupe seitwärts und rückwärts, Vorwärtsloopings aus dem Stand oder unmittelbar nach dem Start, dazu Autorotationen in Rückenfluglage oder rückwärts mit dem Heck voran. Charakteristisch für diesen Flugstil, für den sich inzwischen der Begriff „3-D-Fliegen" etabliert hat, ist ein nahtloser Übergang zwischen Normal- und Rückenfluglage, wobei für den Rückenflug nicht mehr mit dem hinlänglich bekannten Rückenflugschalter die betreffenden Steuerfunktionen umgeschaltet werden, sondern auch diese Fluglage „manuell" gesteuert wird. Damit unterscheidet sich dieser Flugstil in seinen Anforderungen an das Können des Piloten erheblich von den bis dahin bekannten Rückenflugvorführungen „mit Schalter", die zwar bei Schauflugveranstaltungen und Flugtagen auf unvorbelastete Zuschauer recht spektakulär wirken können, von der Mehrzahl der aktiven Hubschrauberpiloten aber als billige Effekthascherei abgelehnt werden, weil die fliegerischen Anforderungen nicht höher sind als im normalen Schwebeflug. Beim 3-D-Fliegen ist das völlig anders, weil hier in jeder Fluglage dieselbe Einstellung der Steuerung verwendet wird, was ein entsprechendes Umdenken erforderlich macht und trainiert werden muss. Genauso wichtig ist aber auch die mechanische und elektronische Einstellung des verwendeten Hubschraubers und vor allem der Fernsteuerung.

Pitch

Da bei den meisten Modellen schon im Normalbetrieb große negative Pitchwerte eingestellt werden, was beliebig steile Landeanflüge ermöglicht und ausreichende Reserven für die Autorotationsanflüge zur Verfügung stellt, braucht für das 3-D-Fliegen meist keine Änderung des Kollektivpitchbereichs vorgenommen zu werden. Man kann das bei seinem Modell sehr einfach überprüfen: Ist die eingestellte (oder wenigstens einstellbare) Gradzahl in negative Richtung größer oder gleich der Gradzahl in positive Richtung, so braucht mechanisch nichts verändert zu werden.

Gas

Die Vergaserbetätigung bedarf schon eher einer Modifikation. Am einfachsten ist es natürlich, wenn man die Leistungssteuerung einem elektronischen Drehzahlregler überlassen kann, der dann die Drehzahl aufrechterhält, unabhängig vom Kollektivpitch. Bei Drehzahlreglern, die für eine schnellere Ausregelung abrupter Laständerungen den Gaskanal mit berücksichtigen, um frühzeitig die Tendenz einer bevorstehenden Laständerung erkennen zu können (Gasvorsteuerung), muss der Gaskanal allerdings durch eine extrem hoch eingestellte Gasvorwahl „ruhig gestellt" werden, weil für den Rückenflug und alle Übergangs-Flugzustände mit negativem Hauptrotorschub die Richtungserkennung dieser Regler für Laständerungen gerade falsch herum funktioniert: Bei Veränderungen des Kollektivpitch in positive Richtung erwartet der Regler stets einen steigenden Leistungsbedarf des Systems, den er durch Öffnen des Vergasers ausgleicht, bei Veränderungen in negative Richtungen wird dementsprechend ein verringerter Leistungsbedarf erwartet, wozu dann der Vergaser weiter geschlossen werden müsste. Für den Rückenflug und auch alle anderen Flugzustände mit negativem Schub muss jedoch für steigende negative Pitchwerte der Vergaser entsprechend immer weiter geöffnet werden, sodass das „vorausschauende" Verhalten des

Reglers, welches normalerweise zu einer schnelleren Ausregelung und damit einer höheren Drehzahlkonstanz führt, hier genau das Gegenteil bewirkt: Bei schnellen Pitch-Steuerausschlägen in negative Richtung nimmt der Regler zunächst mehr oder weniger stark das Gas zurück, statt mehr Gas zu geben, und hat danach, wenn die Systemdrehzahl erst einmal abgefallen ist, einige Schwierigkeiten, sie wieder auf den ursprünglichen Wert zu erhöhen. Daher ist also dafür zu sorgen, dass sich das (vom Regler überwachte) Steuersignal am Empfängerausgang für die Motordrossel nicht mehr in Abhängigkeit von der Pitchsteuerung ändert, was sich am einfachsten erreichen lässt, indem man eine in Vorwahlwert und Übernahmepunkt extrem hoch eingestellte Gasvorwahl benutzt. Diese kann dann für 3-D-Vorführungen ein- und für normales Fliegen wieder ausgeschaltet werden. Das Problem ergibt sich allerdings gar nicht erst, wenn auch im Reglerbetrieb die nachfolgend beschriebene V-Gaskurve verwendet wird, weil dann die Gasvorsteuerung korrekt arbeiten kann.

Für das 3-D-Fliegen ohne Drehzahlregler ist es erforderlich, die Gas-Steuerkurve so zu „verbiegen", dass, vom Schwebeflugpunkt ausgehend, der gewöhnlich etwa bei $1/3$- bis $1/2$-Gas liegt, der Vergaser nicht nur bei zunehmenden Pitchwerten weiter geöffnet, sondern auch bei in den negativen Bereich verringerten Anstellwinkeln, also V-förmig wird. Der tiefste Punkt, an dem der Vergaser am wenigsten geöffnet ist, liegt dabei unterhalb des Schwebeflugpunktes, nämlich ziemlich genau bei 0° Pitch. Mit einer derartigen Gaskurve kann man natürlich den Motor nicht anlassen und auch keine steilen Sinkflüge durchführen, weil bei „voll negativ" Pitch der Vergaser ganz geöffnet ist; daher muss die 3-D-Einstellung so gestaltet werden, dass man sie im Flug zu- und abschalten kann.

Im praktischen Einsatz geht man dann so vor, dass bei ausgeschaltetem 3-D-Schalter der Motor normal zu starten und der Leerlauf mit der Leerlauftrimmung einzustellen ist, dann mit dem Pitchknüppel die Drehzahl hochfahren, bis Knüppelmittelstellung und dort auf 3-D umschalten. Nun steigt die Drehzahl sowohl beim Erhöhen als auch beim Verringern von Pitch. Den negativen Pitchwert kann man zunächst näherungsweise auf den gleichen Betrag einstellen wie den erflogenen positiven Maximalwert (mit Einstelllehre ausmessen), wobei die exakte Einstellung natürlich erflogen werden muss, sodass sich auch im Rückenflug eine lastunabhängige, konstante Drehzahl ergibt.

Die Belastungen des Antriebs in den Übergangszuständen, bei den auftretenden großen zyklischen Steuerausschlägen, kompensieren wir mit dem Mixer Taumelscheibe → Gas.

Drehmomentausgleich

Erforderlich ist auch der korrekte statische Drehmomentausgleich durch den Heckrotor. Bei den meisten modernen Fernsteuerungen lassen sich neben den Mischanteilen für Steig- und Sinkflug auch die jeweiligen Mischrichtungen separat einstellen; was die Sache vereinfacht, denn man braucht nur die Mischrichtung für den Sinkflug umzukehren, sodass sich auch hier eine V-Kurve ergibt.

II. Auswahlkriterien für eine Hubschrauber-Fernsteuerung

So weit also der Einblick in das, was vonseiten der Elektronik für die heutigen Modellhubschrauber nötig, wünschenswert oder möglich ist. Im Gegensatz zu anderen Modellsportlern kann der Modellhubschrauberflieger von Anfang an all die Möglichkeiten nutzen, die ihm eine moderne Fernsteuerung mit ihrem Helikopterprogramm zur Verfügung stellt. Dennoch muss hier unterschieden werden zwischen den Einrichtungen, die unbedingt benötigt werden, um einen bestimmten Hubschrauber fliegen und dabei seine Leistungsfähigkeit und Flugeigenschaften uneingeschränkt nutzen zu können, und dem, was zwar wünschenswert, aber nicht unbedingt erforderlich ist. Werden die Minimalanforderungen von der betreffenden Fernsteuerung erfüllt, so sollte bei den darüber hinausgehenden Optionen außer einem erhöhten Bedienungskomfort angestrebt werden, möglichst viel anfällige, mit Verschleiß behaftete und absturzgefährdete Mechanik im Modell durch Elektronik im Sender zu ersetzen. Es ist zwar unbestritten, dass man grundsätzlich mit jeder Fernsteuerung mit mindestens 4 Funktionen, ein entsprechendes Helikoptermodell vorausgesetzt, das Hubschrauberfliegen zunächst einmal erlernen kann; danach wird jedoch immer der Wunsch aufkommen, die Leistungsfähigkeit des Modells voll ausnutzen zu können, und das wird nun einmal erst durch den Einsatz der zuvor beschriebenen Zusatzoptionen möglich. Zudem setzen die modernen Modellhubschrauberkonstruktionen eine Fernsteuerung mit Helikopterprogramm voraus, bieten also keine Möglichkeit mehr für rein mechanische Lösungen der Ansteuerung. Wer also beabsichtigt, sich speziell zum Hubschrauberfliegen eine Fernsteuerung zu kaufen, sollte die später wachsenden Ansprüche schon von vornherein berücksichtigen, um nicht schon nach kurzer Zeit wieder eine neue Anlage kaufen zu müssen. So soll die folgende Zusammenfassung dabei helfen, eine Fernsteuerung im Hinblick auf ihre Tauglichkeit zum Hubschrauberfliegen zu beurteilen.

1. Grundausstattung

1.1 Sender

Der Sender sollte mindestens 7, besser aber 10 Steuerfunktionen (Kanäle) besitzen, wobei man darauf achten muss, dass einige Hersteller die Kanäle doppelt zählen; entscheidend ist die Anzahl der anschließbaren Servos (7 bzw. 10). Die Anlage sollte im 35-MHz-Bereich arbeiten, wobei es von untergeordneter Bedeutung ist, ob als Übertragungsverfahren PCM oder PPM verwendet wird; auf jeden Fall sollte sie frequenzmoduliert (FM) sein. UHF-Anlagen sind auf Grund ihrer mechanischen Empfindlichkeit und wegen der Anfälligkeit in Bezug auf Knackimpulse für Hubschrauber ungeeignet.

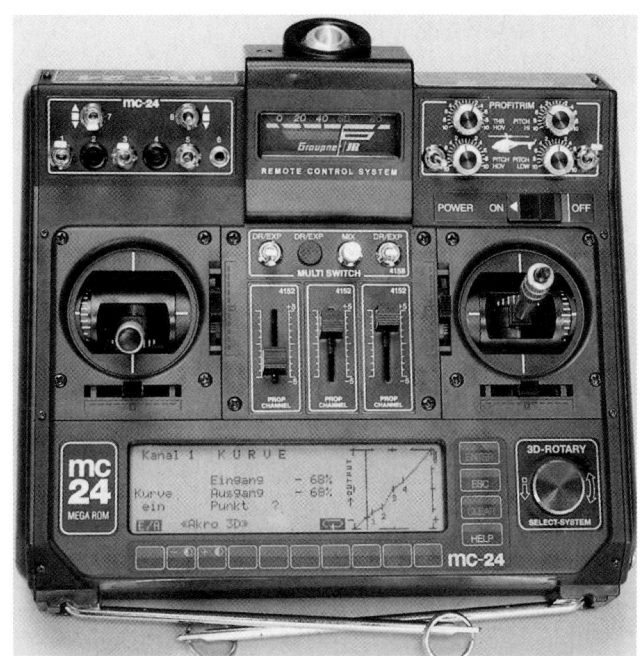

*Beispiel für
einen typischen
Hubschraubersender:*

Die Grundeinstellungen werden über die Tastatur eingegeben und auf dem Display angezeigt; die Gasvorwahl wird mit einem Schieberegler weich hoch- und runtergefahren, der
Autorotationsschalter liegt gut erreichbar im Steuerknüppel. Mithilfe des über einen
Sicherheitsschalter aktivierbaren Trimmersatzes lassen sich im Betrieb schnell und problemlos die voreingestellten Werte in einem bestimmten Umfang variieren

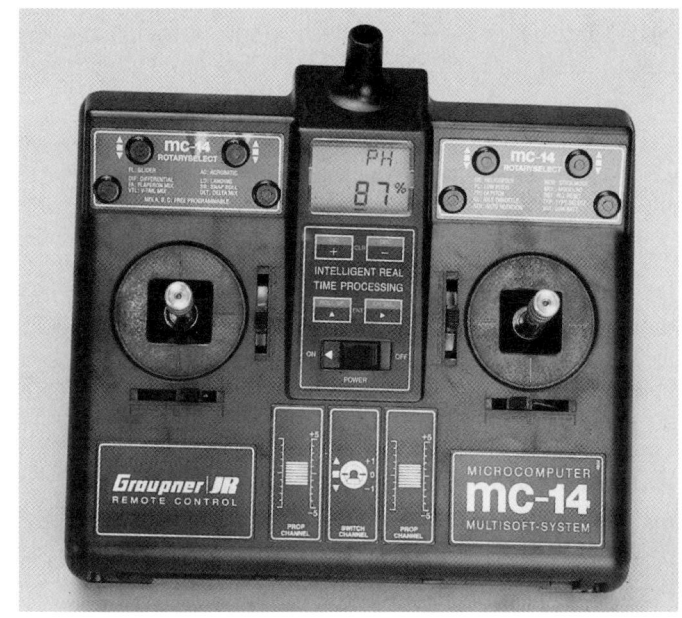

*Auch preiswerte
Fernsteueranlagen
besitzen heute die
für den Hubschrau-
berbetrieb erforder-
lichen Optionen*

1.2 Empfänger

Der Empfänger sollte möglichst unempfindlich gegenüber Vibrationsbelastungen sein. Er braucht nicht unbedingt besonders klein zu sein, sondern in erster Linie robust. Das gilt besonders auch für die Steckverbindungen zu Akku und Servos. Der Quarz sollte möglichst nicht aus dem Gehäuse herausragen.

1.3 Servos

Den Servos im Hubschrauber sollte man ganz besondere Aufmerksamkeit widmen, da sie am stärksten von allen Fernsteuerungskomponenten belastet werden. Auch hier ist das Wichtigste die Vibrationsfestigkeit, und zwar insbesondere gegenüber Vibrationen, die über den Gestänge-Abtrieb auf das Servo einwirken. Dieser hubschrauberspezifischen Belastung haben bisher nur wenige Firmen durch entsprechende konstruktive Maßnahmen Rechnung getragen; entscheidend ist hier eine elastische Kupplung zwischen Getriebe und Rückstellpotenziometer sowie ein vibrationsfester Motor und ein speziell für diese Art Belastung ausgelegtes Poti. Die Elektronik stellt im Bezug auf Vibrationen heute kein Problem mehr dar, da hier durch Verkleben mit Silikon und schwingungsgedämpfte Lagerung der Platine entsprechende Vorkehrungen getroffen werden können. Für Modelle mit 10-cm^3-Motor sollten die Servos eine Stellkraft von mindestens 3,5 kp/cm besitzen und dabei nicht langsamer als 0,18 Sekunden sein. Das Getriebe sollte aus groß dimensionierten Kunststoffzahnrädern bestehen; Metallgetriebe sind – entgegen der oft geäußerten Ansicht – für Hubschrauber ungeeignet, da sie in unverhältnismäßig kurzer Zeit durch die Reibung der Zähne aufeinander bei den auftretenden Vibrationen Spiel bekommen.

Leider sagt der Preis nur wenig über die Hubschraubertauglichkeit eines Servos aus. Zwar muss man davon ausgehen, dass sie zu den teuersten Servos im Angebot jedes Herstellers gehören, doch ist ein hoher Preis noch keine Gewähr dafür, dass man tatsächlich auch ein im Hubschrauber brauchbares Servo bekommt.

2. Erforderliche Optionen im Sender

2.1 Taumelscheibenmischer

Da ein erheblicher Anteil der gebräuchlichen Hubschrauber Pitch über die Taumelscheibe in den Rotor einsteuert, sollte ein Taumelscheibenmischer mindestens für Zweipunktansteuerung, besser für alle Arten der Ansteuerung vorhanden sein.

2.2 Statischer Drehmomentausgleich

Ein statischer Drehmomentausgleich bei Pitchbetätigung sollte auf jeden Fall vorhanden sein, möglichst mit getrennten Einstellungen für hohe und niedrige Pitchwerte.

2.3 Koppelung von Pitch und Gas

Pitch und Gas sollten über einen geeigneten Mischer mindestens so gekoppelt sein, dass eine separate Einstellung von Gas- und Pitchkurven ohne gegenseitige Beeinflussung möglich ist; eine Leerlauftrimmung für den Motor sollte ebenfalls vorhanden sein.

2.4 Gasvorwahl

Eigentlich zu Punkt 2.3 als Teil der Gaskurveneinstellung gehört die Gasvorwahl. Wesentliches Merkmal einer praktisch brauchbaren Gasvorwahl ist, dass sie ausschließlich in dem Bereich des Pitchsteuerknüppels wirksam ist, der unterhalb der Schwebeflugposition liegt. Eine Gasvorwahl, die auch den Schwebe-und Steigflugbereich oder sogar die Vollgasstellung beeinflusst, ist unbrauchbar, auch wenn manche Hersteller so etwas anbieten. Vorteilhaft ist es außerdem, wenn die Gasvorwahl nicht nur mit einem Schalter „hart" zugeschaltet werden, sondern mit einem Schieberegler „weich" eingeblendet werden kann.

3. Wünschenswerte Optionen im Sender

3.1 Elektronische Trimmungen

Der Sender sollte möglichst für die Trimmung der Steuerfunktionen separate Potis besitzen. Bei einfacheren Steuerknüppelmechaniken sind die Trimmungen mechanisch ausgeführt, wirken also direkt auf das Steuerpoti, sodass sich für die Mischprogramme keine Trennung zwischen Steuer- und Trimmfunktion erreichen lässt.

3.2 Autorotationsschalter

Der Autorotationsschalter sollte die Koppelung von Pitch und Gas aufheben und das Gasservo in eine einstellbare, feste Position bringen. Ferner sollte er die übrigen für den Autorotationszustand vorgesehenen Zusatzfunktionen aktivieren, also die Pitchkurven umschalten, den statischen und dynamischen Drehmomentausgleich ausschalten, den Heckrotor auf eine andere Mittelposition bringen usw.

3.3 Pitch- und Gaskurvenumschaltung

Vorteilhaft sind umschaltbare Einstellmöglichkeiten für die Gas- und Pitchkurven zwischen Normalflug und Autorotation, eventuell sogar weitere Einstellmöglichkeiten für unterschiedliche Flugphasen, also beispielsweise Schwebeflug, Kunstflug, 3-D-Fliegen usw.

3.4 Schalter im Steuerknüppel

Nicht nur für den Wettbewerbsflieger ist es vorteilhaft, wenn Betätigungsschalter für wichtige, im Flug benötigte Funktionen in die Steuerknüppel verlegt sind. In erster Linie wird das wohl für den Autorotationsschalter in Betracht kommen, doch auch Einziehfahrwerk oder Lasthaken lassen sich so problemlos bedienen, ohne während des Steuerns erst danach tasten zu müssen oder die Steuer-knüppel loszulassen. Kippschalter sind hier den meist verwendeten Kicktasten vorzuziehen, da ihre Betätigungsrichtungen eindeutig sind und sie nicht unbeab-sichtigt wieder zurückschalten können.

4. Luxusausstattung

Wer alle Leistungsreserven seines Modells aktivieren will und dazu auch auf Grund seines fliegerischen Könnens in der Lage ist, kann all die übrigen im vori-gen Kapitel geschilderten elektronischen Möglichkeiten mit Erfolg einsetzen. Darüber hinaus bieten die modernen Computerfernsteuerungen eine Vielzahl von weiteren Optionen, sodass hier nur eine kleine Auswahl davon angesprochen werden kann.

4.1 Modellspeicher

Eine sehr angenehme Einrichtung ist vor allem die Möglichkeit, unterschiedliche Modelleinstellungen zu speichern und bei Bedarf wieder abzurufen, sodass man auf dem Flugplatz problemlos zwischen verschiedenen Modellen umschalten kann und bei den besseren Anlagen sogar die Trimmwerte wieder hergestellt werden.

4.2 Exponentialfunktionen

Recht nützlich können Exponentialkurven sein, die man bei Bedarf allen Steuer-knüppelfunktionen überlagern kann. Beim Gas/Pitch-Steuerknüppel muss eine derartige Exponentialfunktion auf Gas und Pitch gleichermaßen wirken, dann ist damit die Steuerung um den Schwebeflugbereich herum beliebig weich einzu-stellen, ohne die zuvor gefundene Gas/Pitch-Abstimmung zu zerstören.

4.3 Servowegeinstellungen

Alle modernen Fernsteuerungen bieten eine Einstellung der Servowege an, und zwar getrennt für die Ausschläge nach jeder Seite von der Mittelstellung aus. Diese Einstellmöglichkeiten sollten jedoch mit Vorsicht benutzt werden und nur dann, wenn alle mechanischen Möglichkeiten zur Anpassung der Servowege an die Verhältnisse im Modell ausgeschöpft sind, da hierdurch die Auflösung der Übertragungsfunktion, also die Steuerpräzision ebenso wie die Stellkraft des Servos reduziert werden – und hier gibt es eigentlich nichts zu verschenken.

4.4 Timer und Drehzahlmesser im Sender

Für den Hubschrauberflieger nur bedingt als brauchbar haben sich Stoppuhren mit Alarmfunktionen und in den Sender integrierte Drehzahlmesser erwiesen: Die bei den Stoppuhren verwendeten Piezo-Piepser als „Alarmmelder" sind viel zu leise, wenn außerdem noch ein Motor läuft, und ein Drehzahlmesser im Sender ist auch ziemlich nutzlos, wenn nicht sogar gefährlich, falls tatsächlich jemand versuchen sollte, damit die Drehzahl eines Hauptrotors zu ermitteln. Bei den modernen Computersendern fallen diese Optionen aber meist kostenlos ab, weil der Sender das Display ohnehin für seine Programmierung benötigt.

4.5 Lehrer/Schüler-Einrichtungen

Wer vor hat, Anfängern das Hubschrauberfliegen beizubringen, sei es nun im Vereinsbetrieb bzw. Freundeskreis oder aber auch gewerblich im Rahmen einer Modellflugschule, weiß eine Lehrer/Schüler-Einrichtung im Sender mit der Möglichkeit zur Einzelfunktionsübergabe zu schätzen. Hierbei kann der Lehrer dann einzelne oder beliebige Kombinationen von Steuerfunktionen auf den Schülersender umschalten, während er selbst die verbliebenen Funktionen steuert, um dann, im Notfall, über einen einzigen Schalter wieder die vollständige Kontrolle übernehmen zu können.

4.6 Flugphasenumschaltungen

Vor allem für den Wettbewerbsflieger vorteilhaft sind Voreinstellmöglichkeiten für unterschiedliche Flugaufgaben, die bei Bedarf über einen Schalter abrufbar sind (so genannte „Presets"). So kann man bei den Spitzenanlagen komplette Modellabstimmungen inklusive Trimmungen, Kreiselwirkung, Steuercharakteristiken usw. während des Flugs umschalten, sodass Schwebeflugaufgaben mit niedriger Drehzahl und weichen Steuerbewegungen ebenso perfekt abgestimmt auszuführen sind wie großräumiger FAI-Kunstflug mit hoher Drehzahl und dazu dann noch auf eine 3-D-Einstellung umzuschalten ist, um damit Purzelbäume in Bodennähe schlagen zu können. Perfektioniert wird das Umschalten zwischen den einzelnen Flugphasen noch, wenn man im Sender Zeitkonstanten für den Umschaltvorgang einstellen kann, sodass der Übergang von einer zur anderen Voreinstellung nicht abrupt, sondern weich erfolgt.

III. Montage und Einstellung der Fernsteuerung

1. Empfangsanlage und Akkus

Beim Einbau der Fernsteuerung in ein Hubschraubermodell sollte man grundsätzlich anstreben, alle elektronischen Komponenten so weich und vibrationsgeschützt wie möglich zu lagern, alle elektromechanischen Komponenten jedoch so starr wie erforderlich zu montieren. Konkret heißt das, dass Empfänger, Akku und eventuell die Kreiselelektronik weich in Schaumgummi lagern, wobei es natürlich keinen Sinn ergibt, wenn man dann den Schaumgummi so zusammendrückt, dass er keine dämpfende Wirkung mehr hat. Oft vernachlässigt hierbei wird der Akku, sieht er doch recht robust und unanfällig gegen Vibrationen aus.

Doch das Gegenteil ist richtig: Gerade die heute hauptsächlich verwendeten Sinterzellen sind oft recht anfällig gegen Erschütterungen, die oft dazu führen, dass innerhalb der Zellen die Elektroden abreißen können, was dann durch Resonanzerscheinungen zu drehzahlabhängigen Wackelkontakten und Unterbrechungen in der Stromversorgung führen kann. Derartige Ausfälle sind besonders deshalb unangenehm, weil sie ausschließlich im Flugbetrieb bei bestimmten Drehzahlen auftreten, sich im Stand aber kaum lokalisieren lassen.

Man sollte daher der Lagerung des Empfängerakkus ganz besondere Aufmerksamkeit widmen, denn die meisten vermuteten „Fremdstörungen" erwiesen sich schon bei genauerer Untersuchung als Defekt im Akku.

2. Servos

2.1 Grundsätzliches

Die Servos wiederum sollte man so starr wie möglich einbauen, damit nicht durch eine zu weiche Lagerung zusätzliche Vibrationen dadurch entstehen, dass bei den durch geringe Unwuchten im System entstehenden periodischen Laständerungen an den Steuergestängen die Servos federnd nachgeben und nun auch noch aerodynamische Unwuchten in Form von einseitigen Spurlauffehlern in das System einsteuern. Man kann heute davon ausgehen, dass ein hubschraubertaugliches Servo ohne weiteres den Vibrationsbelastungen ge-

Direkteinbau der Servos in die Mechanik: oben „PROFI-TUNING-Mechanik" (Graupner), darunter der Servoeinbau in die älteren Seitenteile der HEIM-Mechanik. Interessant bei diesem Beispiel ist eine um ca. 30 Grad versetzte Ansteuerung der Taumelscheibe, wo-durch die Steuergestänge von der Taumelscheibe zum Rotorkopf nahezu senkrecht ste-hen, was vor allem bei Mehrblattrotoren wichtig ist, da sonst nicht genügend Spielraum für den Taumelscheibenmitnehmer bleibt

wachsen ist, die über das Gehäuse und die Befestigungsflansche einwirken; die hubschrauberspezifischen Belastungen gelangen jedoch über die Gestänge und die Servohebel an das Servo, und hier muss man eben dafür sorgen, dass keine zusätzlichen Vibrationen durch federnde Aufhängung der Servos oder klappernde Gestänge und Umlenkhebel entstehen.

2.2 Direkteinbau der Servos in die Mechanik

Eine mehrjährige Erprobung hat bestätigt, dass die von mir erstmals im Modell verwendete symmetrische Dreipunktansteuerung der Taumelscheibe mit direkt darunter in der HEIM-Mechanik montierten Servos sogar schonender ist, soweit die Servos den Minimalanforderungen an ein Hubschrauberservo genügen, da die bei normaler Montage und Ansteuerung über Umlenkhebel auftretenden zusätzlichen Vibrationen gar nicht erst entstehen. Da dieses System außerdem ein Optimum an Steuerpräzision und Standfestigkeit besitzt, hat es sich zum Standard für Modelle mit direktgesteuerten Mehrblattrotoren entwickelt. Perfektioniert wird diese Anordnung der Servos in der Mechanik durch neugestaltete Mechanik-Seitenteile, die eine senkrechte Montage der Servos ermöglichen, im Gegensatz zur waagerechten Montage in den ursprünglichen Seitenteilen. Dadurch können die Servos noch weniger nachgeben, und ihre Befestigungsflansche werden nicht so stark belastet. Die neuere UNI-EXPERT-Mechanik wurde daher von vornherein für den Direkteinbau der Servos ausgelegt. Voraussetzung für eine derartige Anordnung der Servos bleibt jedoch ein entsprechender elektronischer Mischer im Sender, doch das gehört inzwischen ohnehin zum Standard einer Hubschrauberanlage.

2.3 Einstelltabellen für gemischte Taumelscheibenansteuerungen

Die recht komplexe Überlagerung der einzelnen Steuerfunktionen beim Heben und Senken der Taumelscheibe durch mehrere Servos für die Pitchsteuerung führt allerdings häufig zu nicht geringer Verwirrung beim Einstellen, sodass hier besonders darauf eingegangen werden soll.

Die nachfolgenden Tabellen stellen für jede derzeit denkbare Taumelscheibenanlenkung die Aktionen der einzelnen Servos in Abhängigkeit von den verschiedenen Steuerfunktionen dar. (Werden Umlenkhebel verwendet, so ist statt „Servoarm" sinngemäß das jeweilige an die Taumelscheibe führende Gestänge zu betrachten.) Wenn alle aufgeführten Bedingungen bei allen Servos erfüllt sind, arbeitet die Steuerung wie gewünscht. Andernfalls lassen sich Fehlfunktionen nach dem jeweils darunter stehenden Schema systematisch beheben.

Wichtig ist, dass man konsequent bei einem Servo bleibt, bis alle Bedingungen erfüllt sind und dann erst zum nächsten übergeht. Systematisches Vorgehen heißt hier: Eine Veränderung nach der anderen vornehmen, und sofort nach jeder einzelnen Einstellung kontrollieren, ob sie den erwarteten Erfolg hatte. Nimmt man mehrere Einstellungen auf einmal vor und überprüft erst das Gesamtergebnis, so kann es passieren, dass eine richtige Veränderung durch eine andere, falsche Einstellung wieder unwirksam wird und die Ursache nur schwer herauszufinden ist.

2.3.1 Zweipunktansteuerung, 2 Rollservos

Rechtes	Bedingung 1:	Pitch vergrößern	→	Servoarm aufwärts
(Roll-)Servo		Pitch verkleinern	→	Servoarm abwärts
	Bedingung 2:	Rollen rechts	→	Servoarm abwärts
		Rollen links	→	Servoarm aufwärts
Linkes	Bedingung 1:	Pitch vergrößern	→	Servoarm aufwärts
(Roll-)Servo		Pitch verkleinern	→	Servoarm abwärts
	Bedingung 2:	Rollen rechts	→	Servoarm aufwärts
		Rollen links	→	Servoarm abwärts

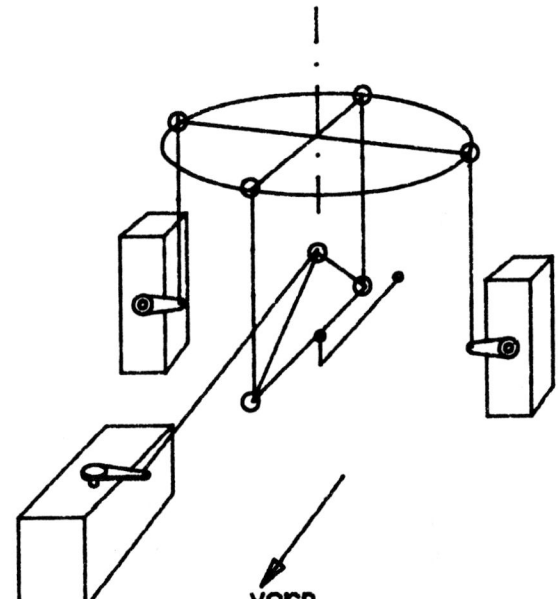

Abb. 2.3.1:
Zweipunktansteuerung
(2 Rollservos)

vorn

Mögliche Fehlfunktionen
und Abhilfen dagegen:

① **Rechtes Servo und** ② **Linkes Servo:**

Fall 1:	Bedingung 1 nicht erfüllt und Bedingung 2 nicht erfüllt Bedingung 3 gleichgültig	→	Servo umpolen (Reverse)
Fall 2:	Bedingung 1 erfüllt und Bedingung 2 nicht erfüllt Bedingung 3 gleichgültig	→	Stecker der beiden Rollservos tauschen (Empfänger) (Danach kann Fall 1 eintreten)
Fall 3:	Bedingung 1 nicht erfüllt und Bedingung 2 erfüllt Bedingung 3 gleichgültig	→	Stecker der beiden Rollservos tauschen (Empfänger) (Danach kann Fall 1 eintreten)

2.3.2 Asymmetrische Dreipunktansteuerung, 1 Servo hinten

Hinteres	Bedingung 1:	Pitch vergrößern	→	Servoarm aufwärts
(Nick-)Servo		Pitch verkleinern	→	Servoarm abwärts
	Bedingung 2:	Nicken vorwärts	→	Servoarm aufwärts
		Nicken rückwärts	→	Servoarm abwärts
Rechtes	Bedingung 1:	Pitch vergrößern	→	Servoarm aufwärts
(Roll-)Servo		Pitch verkleinern	→	Servoarm abwärts
	Bedingung 2:	Rollen rechts	→	Servoarm abwärts
		Rollen links	→	Servoarm aufwärts
Linkes	Bedingung 1:	Pitch vergrößern	→	Servoarm aufwärts
(Roll-)Servo		Pitch verkleinern	→	Servoarm abwärts
	Bedingung 2:	Rollen rechts	→	Servoarm aufwärts
		Rollen links	→	Servoarm abwärts

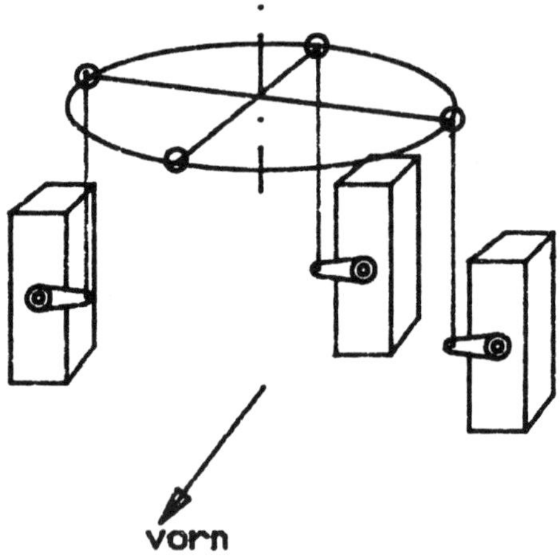

Abb. 2.3.2:
Asymmetrische
Dreipunktansteuerung
1 Servo hinten

vorn

Mögliche Fehlfunktionen und Abhilfen dagegen:

① Hinteres Servo:

Fall 1:	Bedingung 1 nicht erfüllt und Bedingung 2 nicht erfüllt	→	Servo umpolen (Reverse)
Fall 2:	Bedingung 1 nicht erfüllt und Bedingung 2 erfüllt	→	Nickfunktion (Steuerpoti) umpolen (Danach wird Fall 1 eintreten)
Fall 3:	Bedingung 1 erfüllt und Bedingung 2 nicht erfüllt	→	Nickfunktion (Steuerpoti) umpolen

② Rechtes Servo und ③ Linkes Servo:

Fall 1:	Bedingung 1 nicht erfüllt und Bedingung 2 nicht erfüllt	→	Servo umpolen (Reverse)
Fall 2:	Bedingung 1 erfüllt und Bedingung 2 nicht erfüllt	→	Stecker der beiden Rollservos tauschen (Empfänger) (Danach kann Fall 1 eintreten)
Fall 3:	Bedingung 1 nicht erfüllt und Bedingung 2 erfüllt	→	Stecker der beiden Rollservos tauschen (Empfänger) (Danach kann Fall 1 eintreten)

2.3.3 Asymmetrische Dreipunktansteuerung, 1 Servo vorn

Vorderes	Bedingung 1:	Pitch vergrößern	→	Servoarm aufwärts
(Nick-)Servo		Pitch verkleinern	→	Servoarm abwärts
	Bedingung 2:	Nicken vorwärts	→	Servoarm abwärts
		Nicken rückwärts	→	Servoarm aufwärts
Rechtes	Bedingung 1:	Pitch vergrößern	→	Servoarm aufwärts
(Roll-)Servo		Pitch verkleinern	→	Servoarm abwärts
	Bedingung 2:	Rollen rechts	→	Servoarm abwärts
		Rollen links	→	Servoarm aufwärts
Linkes	Bedingung 1:	Pitch vergrößern	→	Servoarm aufwärts
(Roll-)Servo		Pitch verkleinern	→	Servoarm abwärts
	Bedingung 2:	Rollen rechts	→	Servoarm aufwärts
		Rollen links	→	Servoarm abwärts

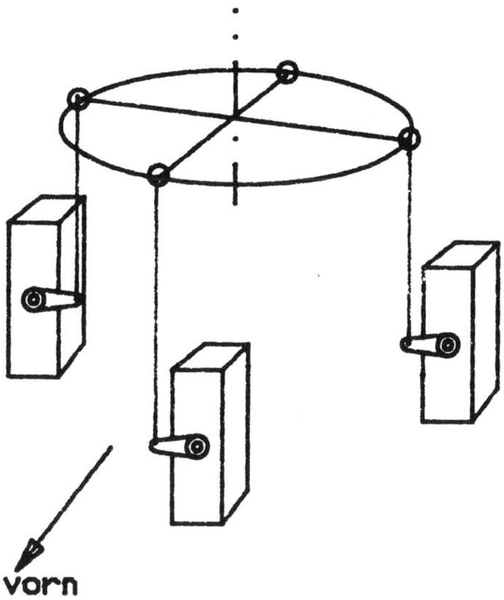

Abb. 2.3.3:
Asymmetrische
Dreipunktansteuerung
1 Servo vorn

vorn

Mögliche Fehlfunktionen
und Abhilfen dagegen:

① **Vorderes Servo:**

Fall 1:	Bedingung 1 nicht erfüllt und Bedingung 2 nicht erfüllt	→	Servo umpolen (Reverse)
Fall 2:	Bedingung 1 nicht erfüllt und Bedingung 2 erfüllt	→	Nickfunktion (Steuerpoti) umpolen (Danach wird Fall 1 eintreten)
Fall 3:	Bedingung 1 erfüllt und Bedingung 2 nicht erfüllt	→	Nickfunktion (Steuerpoti) umpolen

② **Rechtes Servo und** ③ **Linkes Servo:**

Fall 1:	Bedingung 1 nicht erfüllt und Bedingung 2 nicht erfüllt	→	Servo umpolen (Reverse)
Fall 2:	Bedingung 1 erfüllt und Bedingung 2 nicht erfüllt	→	Stecker der beiden Rollservos tauschen (Empfänger) (Danach kann Fall 1 eintreten)
Fall 3:	Bedingung 1 nicht erfüllt und Bedingung 2 erfüllt	→	Stecker der beiden Rollservos tauschen (Empfänger) (Danach kann Fall 1 eintreten)

2.3.4 Asymmetrische Dreipunktansteuerung, 1 Servo rechts

Rechtes	Bedingung 1:	Pitch vergrößern	→	Servoarm aufwärts
(Roll-)Servo		Pitch verkleinern	→	Servoarm abwärts
	Bedingung 2:	Rollen rechts	→	Servoarm abwärts
		Rollen links	→	Servoarm aufwärts
Vorderes	Bedingung 1:	Pitch vergrößern	→	Servoarm aufwärts
(Nick-)Servo		Pitch verkleinern	→	Servoarm abwärts
	Bedingung 2:	Nicken vorwärts	→	Servoarm abwärts
		Nicken rückwärts	→	Servoarm aufwärts
Hinteres	Bedingung 1:	Pitch vergrößern	→	Servoarm aufwärts
(Nick-)Servo		Pitch verkleinern	→	Servoarm abwärts
	Bedingung 2:	Nicken vorwärts	→	Servoarm aufwärts
		Nicken rückwärts	→	Servoarm abwärts

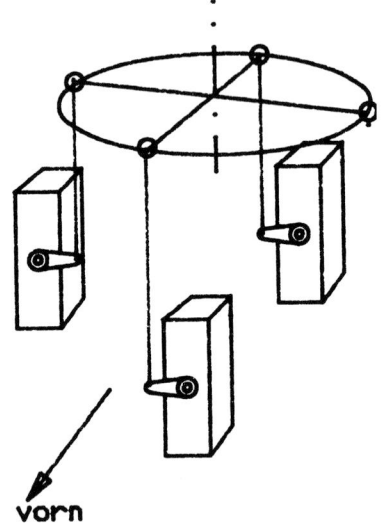

Abb. 2.3.4:
Asymmetrische
Dreipunktansteuerung
1 Servo rechts

vorn

Mögliche Fehlfunktionen
und Abhilfen dagegen:

① **Rechtes Servo:**

Fall 1: Bedingung 1 nicht erfüllt und
Bedingung 2 nicht erfüllt → Servo umpolen (Reverse)

Fall 2: Bedingung 1 nicht erfüllt und → Rollfunktion (Steuerpoti) umpolen
Bedingung 2 erfüllt (Danach wird Fall 1 eintreten)

Fall 3: Bedingung 1 erfüllt und → Rollfunktion (Steuerpoti) umpolen
Bedingung 2 nicht erfüllt

② **Vorderes Servo und** ③ **Hinteres Servo:**

Fall 1: Bedingung 1 nicht erfüllt und
Bedingung 2 nicht erfüllt → Servo umpolen (Reverse)

Fall 2: Bedingung 1 erfüllt und → Stecker der beiden Nickservos
Bedingung 2 nicht erfüllt tauschen (Empfänger)
(Danach kann Fall 1 eintreten)

Fall 3: Bedingung 1 nicht erfüllt und → Stecker der beiden Nickservos
Bedingung 2 erfüllt tauschen (Empfänger)
(Danach kann Fall 1 eintreten)

2.3.5 Asymmetrische Dreipunktansteuerung, 1 Servo links

Linkes	Bedingung 1:	Pitch vergrößern	→	Servoarm aufwärts
(Roll-)Servo		Pitch verkleinern	→	Servoarm abwärts
	Bedingung 2:	Rollen rechts	→	Servoarm aufwärts
		Rollen links	→	Servoarm abwärts
Vorderes	Bedingung 1:	Pitch vergrößern	→	Servoarm aufwärts
(Nick-)Servo		Pitch verkleinern	→	Servoarm abwärts
	Bedingung 2:	Nicken vorwärts	→	Servoarm abwärts
		Nicken rückwärts	→	Servoarm aufwärts
Hinteres	Bedingung 1:	Pitch vergrößern	→	Servoarm aufwärts
(Nick-)Servo		Pitch verkleinern	→	Servoarm abwärts
	Bedingung 2:	Nicken vorwärts	→	Servoarm aufwärts
		Nicken rückwärts	→	Servoarm abwärts

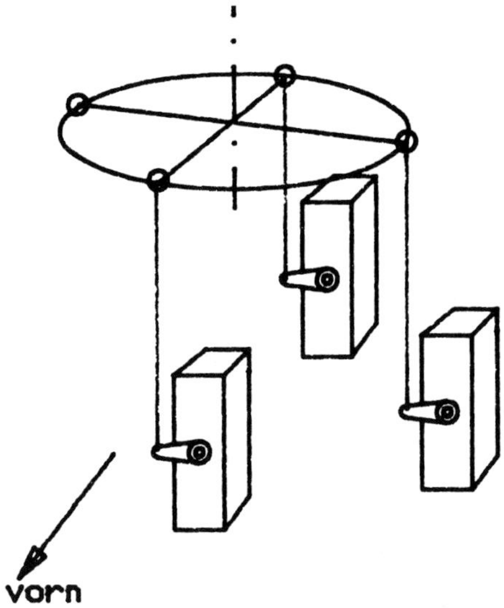

Abb. 2.3.5:
Asymmetrische
Dreipunktansteuerung
1 Servo links

<u>*Mögliche Fehlfunktionen*</u>
<u>*und Abhilfen dagegen:*</u>

① Linkes Servo:

Fall 1:	Bedingung 1 nicht erfüllt und		
	Bedingung 2 nicht erfüllt	→	Servo umpolen (Reverse)
Fall 2:	Bedingung 1 nicht erfüllt und →		Rollfunktion (Steuerpoti) umpolen
	Bedingung 2 erfüllt		(Danach wird Fall 1 eintreten)
Fall 3:	Bedingung 1 erfüllt und	→	Rollfunktion (Steuerpoti) umpolen
	Bedingung 2 nicht erfüllt		

vorn

② Vorderes Servo und ③ Hinteres Servo:

Fall 1:	Bedingung 1 nicht erfüllt und		
	Bedingung 2 nicht erfüllt	→	Servo umpolen (Reverse)
Fall 2:	Bedingung 1 erfüllt und	→	Stecker der beiden Nickservos
	Bedingung 2 nicht erfüllt		tauschen (Empfänger)
			(Danach kann Fall 1 eintreten)
Fall 3:	Bedingung 1 nicht erfüllt und →		Stecker der beiden Nickservos
	Bedingung 2 erfüllt		tauschen (Empfänger)
			(Danach kann Fall 1 eintreten)

2.3.6 Symmetrische Dreipunktansteuerung, 2 Servos vorn

Hinteres **(Nick-)Servo**	Bedingung 1:	Pitch vergrößern	→	Servoarm aufwärts
		Pitch verkleinern	→	Servoarm abwärts
	Bedingung 2:	Nicken vorwärts	→	Servoarm aufwärts
		Nicken rückwärts	→	Servoarm abwärts
Rechtes **(Roll-)Servo**	Bedingung 1:	Pitch vergrößern	→	Servoarm aufwärts
		Pitch verkleinern	→	Servoarm abwärts
	Bedingung 2:	Rollen rechts	→	Servoarm abwärts
		Rollen links	→	Servoarm aufwärts
	Bedingung 3:	Nicken vorwärts	→	Servoarm abwärts
		Nicken rückwärts	→	Servoarm aufwärts
Linkes **(Roll-)Servo**	Bedingung 1:	Pitch vergrößern	→	Servoarm aufwärts
		Pitch verkleinern	→	Servoarm abwärts
	Bedingung 2:	Rollen rechts	→	Servoarm aufwärts
		Rollen links	→	Servoarm abwärts
	Bedingung 3:	Nicken vorwärts	→	Servoarm abwärts
		Nicken rückwärts	→	Servoarm aufwärts

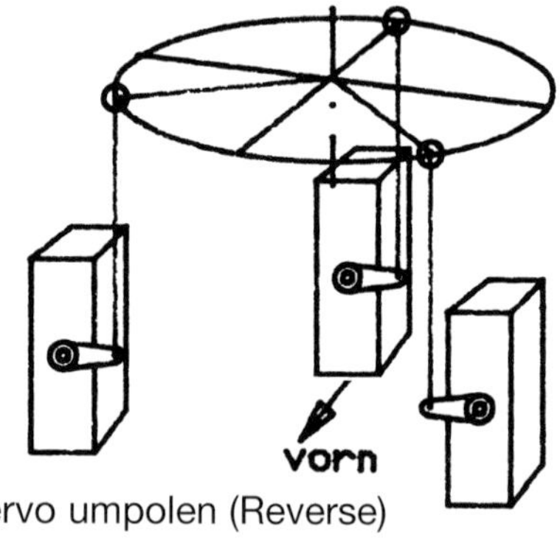

Abb. 2.3.6:
Symmetrische
Dreipunktansteuerung
2 Servos vorn

vorn

Mögliche Fehlfunktionen
und Abhilfen dagegen:

① **Hinteres Servo:**

Fall 1:	Bedingung 1 nicht erfüllt und Bedingung 2 nicht erfüllt	→	Servo umpolen (Reverse)
Fall 2:	Bedingung 1 nicht erfüllt und Bedingung 2 erfüllt	→	Nickfunktion (Steuerpoti) umpolen (Danach wird Fall 1 eintreten)
Fall 3:	Bedingung 1 erfüllt und Bedingung 2 nicht erfüllt	→	Nickfunktion (Steuerpoti) umpolen

② **Rechtes Servo und** ③ **Linkes Servo:**

Fall 1:	Bedingung 1 nicht erfüllt und Bedingung 2 nicht erfüllt Bedingung 3 gleichgültig	→	Servo umpolen (Reverse)
Fall 2:	Bedingung 1 erfüllt und Bedingung 2 nicht erfüllt Bedingung 3 gleichgültig	→	Stecker der beiden Rollservos tauschen (Empfänger) (Danach kann Fall 1 eintreten)
Fall 3:	Bedingung 1 nicht erfüllt und Bedingung 2 erfüllt Bedingung 3 gleichgültig	→	Stecker der beiden Rollservos tauschen (Empfänger) (Danach kann Fall 1 eintreten)
Fall 4:	Bedingung 1 erfüllt und Bedingung 2 erfüllt Bedingung 3 nicht erfüllt	→	Nickkompensation umpolen (Mixer im Sender), Voraussetzung: Hinteres Servo o.k.

2.3.7 Symmetrische Dreipunktansteuerung, 2 Servos hinten

Vorderes	Bedingung 1:	Pitch vergrößern	→	Servoarm aufwärts
(Nick-)Servo		Pitch verkleinern	→	Servoarm abwärts
	Bedingung 2:	Nicken vorwärts	→	Servoarm abwärts
		Nicken rückwärts	→	Servoarm aufwärts
Rechtes	Bedingung 1:	Pitch vergrößern	→	Servoarm aufwärts
(Roll-)Servo		Pitch verkleinern	→	Servoarm abwärts
	Bedingung 2:	Rollen rechts	→	Servoarm abwärts
		Rollen links	→	Servoarm aufwärts
	Bedingung 3:	Nicken vorwärts	→	Servoarm aufwärts
		Nicken rückwärts	→	Servoarm abwärts
Linkes	Bedingung 1:	Pitch vergrößern	→	Servoarm aufwärts
(Roll-)Servo		Pitch verkleinern	→	Servoarm abwärts
	Bedingung 2:	Rollen rechts	→	Servoarm aufwärts
		Rollen links	→	Servoarm abwärts
	Bedingung 3:	Nicken vorwärts	→	Servoarm aufwärts
		Nicken rückwärts	→	Servoarm abwärts

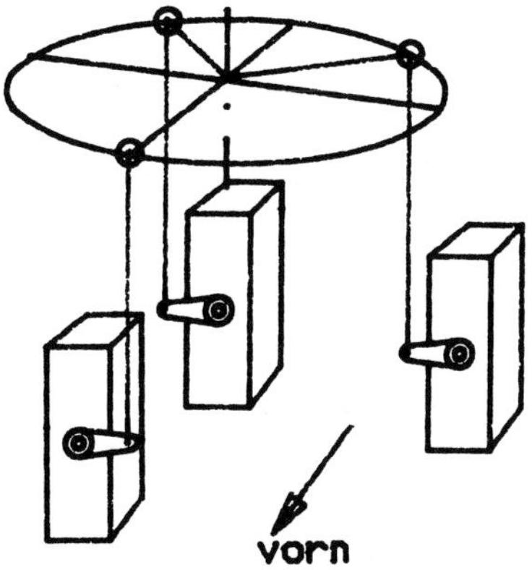

Abb. 2.3.7:
Symmetrische
Dreipunktansteuerung
2 Servos hinten

vorn

Mögliche Fehlfunktionen
und Abhilfen dagegen:

① **Vorderes Servo:**

Fall 1:	Bedingung 1 nicht erfüllt und Bedingung 2 nicht erfüllt	→	Servo umpolen (Reverse)
Fall 2:	Bedingung 1 nicht erfüllt und Bedingung 2 erfüllt	→	Nickfunktion (Steuerpoti) umpolen (Danach wird Fall 1 eintreten)
Fall 3:	Bedingung 1 erfüllt und Bedingung 2 nicht erfüllt	→	Nickfunktion (Steuerpoti) umpolen

② **Rechtes Servo und** ③ **Linkes Servo:**

Fall 1:	Bedingung 1 nicht erfüllt und Bedingung 2 nicht erfüllt Bedingung 3 gleichgültig	→	Servo umpolen (Reverse)
Fall 2:	Bedingung 1 erfüllt und Bedingung 2 nicht erfüllt Bedingung 3 gleichgültig	→	Stecker der beiden Rollservos tauschen (Empfänger) (Danach kann Fall 1 eintreten)
Fall 3:	Bedingung 1 nicht erfüllt und Bedingung 2 erfüllt Bedingung 3 gleichgültig	→	Stecker der beiden Rollservos tauschen (Empfänger) (Danach kann Fall 1 eintreten)
Fall 4:	Bedingung 1 erfüllt und Bedingung 2 erfüllt Bedingung 3 nicht erfüllt	→	Nickkompensation umpolen (Mixer im Sender), Voraussetzung: Vorderes Servo o.k.

2.3.8 Symmetrische Dreipunktansteuerung, 2 Servos rechts

Linkes	Bedingung 1:	Pitch vergrößern	→	Servoarm aufwärts
(Roll-)Servo		Pitch verkleinern	→	Servoarm abwärts
	Bedingung 2:	Rollen rechts	→	Servoarm aufwärts
		Rollen links	→	Servoarm abwärts
Vorderes	Bedingung 1:	Pitch vergrößern	→	Servoarm aufwärts
(Nick-)Servo		Pitch verkleinern	→	Servoarm abwärts
	Bedingung 2:	Nicken vorwärts	→	Servoarm abwärts
		Nicken rückwärts	→	Servoarm aufwärts
	Bedingung 3:	Rollen rechts	→	Servoarm abwärts
		Rollen links	→	Servoarm aufwärts
Hinteres	Bedingung 1:	Pitch vergrößern	→	Servoarm aufwärts
(Nick-)Servo		Pitch verkleinern	→	Servoarm abwärts
	Bedingung 2:	Nicken vorwärts	→	Servoarm aufwärts
		Nicken rückwärts	→	Servoarm abwärts
	Bedingung 3:	Rollen rechts	→	Servoarm abwärts
		Rollen links	→	Servoarm aufwärts

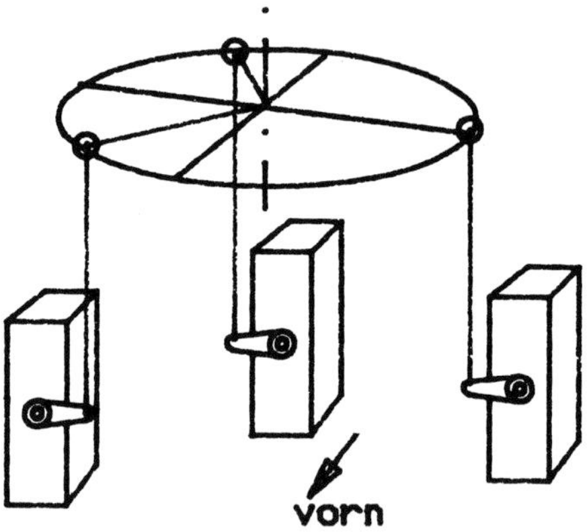

Abb. 2.3.8:
Symmetrische
Dreipunktansteuerung
2 Servos rechts

vorn

Mögliche Fehlfunktionen
und Abhilfen dagegen:

① Linkes Servo:

Fall 1:	Bedingung 1 nicht erfüllt und		
	Bedingung 2 nicht erfüllt	→	Servo umpolen (Reverse)
Fall 2:	Bedingung 1 nicht erfüllt und	→	Rollfunktion (Steuerpoti) umpolen
	Bedingung 2 erfüllt		(Danach wird Fall 1 eintreten)
Fall 3:	Bedingung 1 erfüllt und	→	Rollfunktion (Steuerpoti) umpolen
	Bedingung 2 nicht erfüllt		

② Vorderes Servo und ③ Hinteres Servo:

Fall 1:	Bedingung 1 nicht erfüllt und		
	Bedingung 2 nicht erfüllt	→	Servo umpolen (Reverse)
	Bedingung 3 gleichgültig		
Fall 2:	Bedingung 1 erfüllt und	→	Stecker der beiden Nickservos
	Bedingung 2 nicht erfüllt		tauschen (Empfänger)
	Bedingung 3 gleichgültig		(Danach kann Fall 1 eintreten)
Fall 3:	Bedingung 1 nicht erfüllt und	→	Stecker der beiden Nickservos
	Bedingung 2 erfüllt		tauschen (Empfänger)
	Bedingung 3 gleichgültig		(Danach kann Fall 1 eintreten)
Fall 4:	Bedingung 1 erfüllt und	→	Rollkompensation umpolen
	Bedingung 2 erfüllt		(Mixer im Sender), Voraussetzung:
	Bedingung 3 nicht erfüllt		Linkes Servo o.k.

2.3.9 Symmetrische Dreipunktansteuerung, 2 Servos links

Rechtes	Bedingung 1:	Pitch vergrößern	→	Servoarm aufwärts
(Roll-)Servo		Pitch verkleinern	→	Servoarm abwärts
	Bedingung 2:	Rollen links	→	Servoarm aufwärts
		Rollen rechts	→	Servoarm abwärts
Vorderes	Bedingung 1:	Pitch vergrößern	→	Servoarm aufwärts
(Nick-)Servo		Pitch verkleinern	→	Servoarm abwärts
	Bedingung 2:	Nicken vorwärts	→	Servoarm abwärts
		Nicken rückwärts	→	Servoarm aufwärts
	Bedingung 3:	Rollen links	→	Servoarm abwärts
		Rollen rechts	→	Servoarm aufwärts
Hinteres	Bedingung 1:	Pitch vergrößern	→	Servoarm aufwärts
(Nick-)Servo		Pitch verkleinern	→	Servoarm abwärts
	Bedingung 2:	Nicken vorwärts	→	Servoarm aufwärts
		Nicken rückwärts	→	Servoarm abwärts
	Bedingung 3:	Rollen links	→	Servoarm abwärts
		Rollen rechts	→	Servoarm aufwärts

Abb. 2.3.9:
Symmetrische
Dreipunktansteuerung
2 Servos links

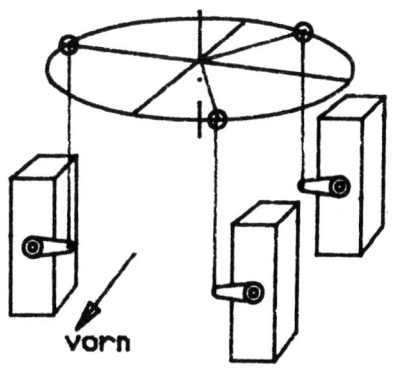

vorn

<u>*Mögliche Fehlfunktionen*</u>
<u>*und Abhilfen dagegen:*</u>

① **Rechtes Servo**

Fall 1:	Bedingung 1 nicht erfüllt und		
	Bedingung 2 nicht erfüllt	→	Servo umpolen (Reverse)
Fall 2:	Bedingung 1 nicht erfüllt und	→	Rollfunktion (Steuerpoti) umpolen
	Bedingung 2 erfüllt		(Danach wird Fall 1 eintreten)
Fall 3:	Bedingung 1 erfüllt und	→	Rollfunktion (Steuerpoti) umpolen
	Bedingung 2 nicht erfüllt		

② **Vorderes Servo und** ③ **Hinteres Servo:**

Fall 1:	Bedingung 1 nicht erfüllt und		
	Bedingung 2 nicht erfüllt	→	Servo umpolen (Reverse)
	Bedingung 3 gleichgültig		
Fall 2:	Bedingung 1 erfüllt und	→	Stecker der beiden Nickservos
	Bedingung 2 nicht erfüllt		tauschen (Empfänger)
	Bedingung 3 gleichgültig		(Danach kann Fall 1 eintreten)
Fall 3:	Bedingung 1 nicht erfüllt und	→	Stecker der beiden Nickservos
	Bedingung 2 erfüllt		tauschen (Empfänger)
	Bedingung 3 gleichgültig		(Danach kann Fall 1 eintreten)
Fall 4:	Bedingung 1 erfüllt und	→	Rollkompensation umpolen
	Bedingung 2 erfüllt		(Mixer im Sender), Voraussetzung:
	Bedingung 3 nicht erfüllt		Rechtes Servo o.k.

2.3.10 Vierpunktansteuerung

Rechtes	Bedingung 1:	Pitch vergrößern	→	Servoarm aufwärts
(Roll-)Servo		Pitch verkleinern	→	Servoarm abwärts
	Bedingung 2:	Rollen links	→	Servoarm aufwärts
		Rollen rechts	→	Servoarm abwärts
Linkes	Bedingung 1:	Pitch vergrößern	→	Servoarm aufwärts
(Roll-)Servo		Pitch verkleinern	→	Servoarm abwärts
	Bedingung 2:	Rollen links	→	Servoarm abwärts
		Rollen rechts	→	Servoarm aufwärts
Vorderes	Bedingung 1:	Pitch vergrößern	→	Servoarm aufwärts
(Nick-)Servo		Pitch verkleinern	→	Servoarm abwärts
	Bedingung 2:	Nicken vorwärts	→	Servoarm abwärts
		Nicken rückwärts	→	Servoarm aufwärts
Hinteres	Bedingung 1:	Pitch vergrößern	→	Servoarm aufwärts
(Nick-)Servo		Pitch verkleinern	→	Servoarm abwärts
	Bedingung 2:	Nicken vorwärts	→	Servoarm aufwärts
		Nicken rückwärts	→	Servoarm abwärts

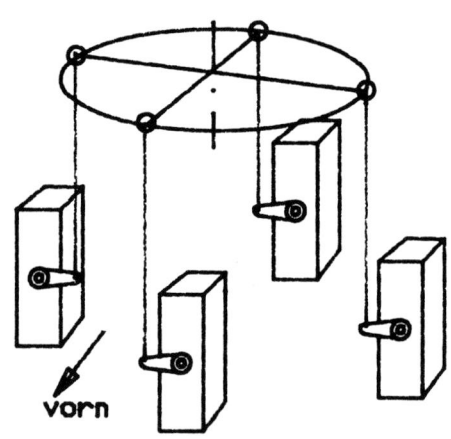

Abb. 2.3.10:
Vierpunktansteuerung

vorn

Mögliche Fehlfunktionen
und Abhilfen dagegen:

① **Rechtes Servo und** ② **Linkes Servo:**

Fall 1: Bedingung 1 nicht erfüllt und
Bedingung 2 nicht erfüllt → Servo umpolen (Reverse)

Fall 2: Bedingung 1 nicht erfüllt und → Stecker der beiden Rollservos
Bedingung 2 erfüllt tauschen (Empfänger)
(Danach kann Fall 1 eintreten)

Fall 3: Bedingung 1 erfüllt und → Stecker der beiden Rollservos
Bedingung 2 nicht erfüllt tauschen (Empfänger)
(Danach kann Fall 1 eintreten)

③ **Vorderes Servo und** ④ **Hinteres Servo:**

Fall 1: Bedingung 1 nicht erfüllt und
Bedingung 2 nicht erfüllt → Servo umpolen (Reverse)

Fall 2: Bedingung 1 erfüllt und → Stecker der beiden Nickservos
Bedingung 2 nicht erfüllt tauschen (Empfänger)
(Danach kann Fall 1 eintreten)

Fall 3: Bedingung 1 nicht erfüllt und → Stecker der beiden Nickservos
Bedingung 2 erfüllt tauschen (Empfänger)
(Danach kann Fall 1 eintreten)

2.4 Vergaseranlenkung

2.4.1 Grundeinstellung

Eine sachgerechte Vergaseranlenkung ist von entscheidender Bedeutung für eine erfolgreiche Abstimmung von Pitch und Gas und somit für eine konstante Drehzahl in allen Flugsituationen. Gerade hier jedoch treten die häufigsten Probleme und Fehler auf. Obwohl in jeder Montageanleitung für Fernsteuerungen ausdrücklich darauf hingewiesen wird, dass das Gasservo seine Vollausschläge erreichen muss, ohne durch irgendwelche mechanischen Anschläge blockiert zu werden, wird dieses jedoch nicht immer berücksichtigt. Bezugspunkt für das Justieren der Vergaseranlenkung ist die Vollgasstellung des Servos und die Stellung des Drosselhebels am Vergaser, bei der das Küken oder der Schieber voll geöffnet ist, jedoch noch nicht gegen den Anschlag gedrückt wird. In dieser Position wird das Drosselgestänge justiert. Dann bringt man den Steuerhebel mittels Knüppelausschlag und Leerlauftrimmung in die andere Extremstellung, wobei natürlich auch die Gasvorwahl ausgeschaltet sein muss. Bei dieser Position darf das Drosselküken keinesfalls mechanisch auflaufen, muss aber ganz geschlossen sein. Ist das nicht der Fall, muss der Steuerweg verkleinert werden, indem das Gestänge weiter innen am Servohebel eingehängt wird; am Vergaser sollte immer der längstmögliche Hebelarm Verwendung finden, um eine möglichst spielfreie Anlenkung zu erreichen. Keinesfalls sollte man zu dieser Grundeinstellung der Vergaseransteuerung elektronische Hilfsfunktionen des Senders benutzen wie beispielsweise ATV-Einstellmöglichkeiten (ATV: Adjustable Travel Volume = Einstellbarer Servoausschlag); hierdurch würden Stellgenauigkeit, Auflösung und Stellkraft des Servos reduziert. Auch die Leerlauftrimmung darf hierzu nicht benutzt werden, da ihr gesamter Verstellbereich benötigt wird zwischen „Motor aus" und erhöhtem Leerlauf. Die exakte mechanische Grundeinstellung ist die Basis für alle weiteren Einstellungen und sollte daher äußerst gewissenhaft vorgenommen werden.

2.4.2 Lineare Umlenkungen

Nicht immer ist es möglich, die Vergaseranlenkung mit einem einfachen, geraden Gestänge zwischen Servo und Vergaserhebel vorzunehmen. Bei vielen Modellen müssen Umlenkhebel eingebaut werden, die bei ungeschickter Einstellung zusätzliche Probleme schaffen können. Normalerweise erwartet man von einer derartigen Umlenkung, dass die Bewegung einer Steuerfunktion lediglich in eine andere Richtung umgelenkt wird, ohne die Steuerfunktion selbst zu verändern. Diese Veränderungen könnten beispielsweise zusätzliches Spiel oder eine Änderung der Steuerweggröße sein, ebenso eine Veränderung der Linearität der Steuerbewegung. Um eine neutrale Umlenkung zu erreichen, sollten zunächst einmal die Hebel so lang wie möglich sein, damit sich das Lagerspiel des Umlenkhebels möglichst wenig auf die Steuerfunktion auswirken kann. Damit die Ausschlaggröße nicht verändert wird, müssen beide Hebel gleich groß sein, und für den Erhalt der Linearität der Steuerbewegung ist es erforderlich, dass bei Mittelstellung des Servos die Gestänge jeweils mit dem Hebel der Umlenkung, an dem sie angeschlossen sind, einen rechten Winkel bilden (Abb. 2.4.2).

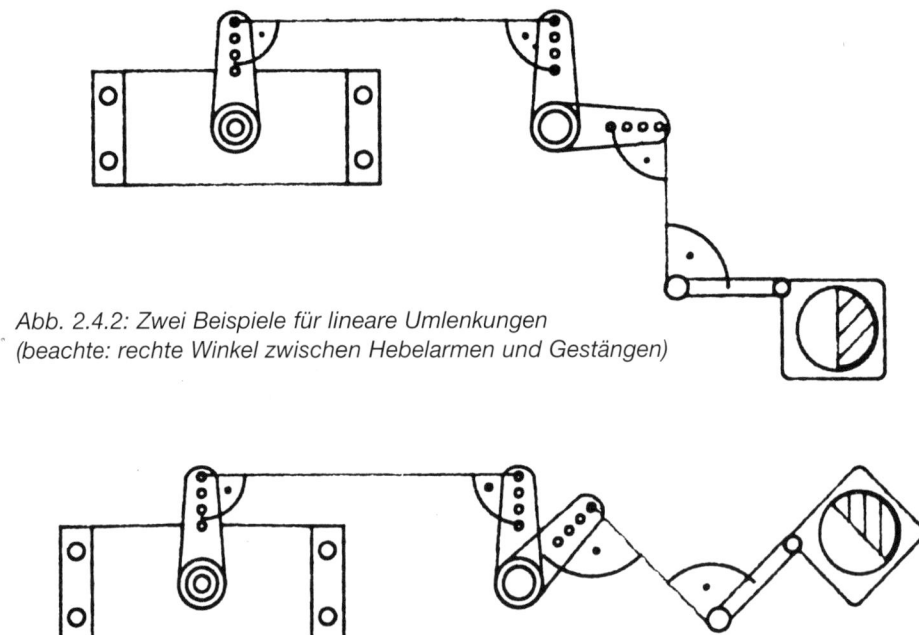

*Abb. 2.4.2: Zwei Beispiele für lineare Umlenkungen
(beachte: rechte Winkel zwischen Hebelarmen und Gestängen)*

2.4.3 Nichtlineare Anlenkungen

Geht man davon aus, dass die Betätigung des Gasservos vom Sender her weitgehend linear erfolgt, was gleichermaßen für die Pitchsteuerung gilt, so kann es erforderlich sein, über die mechanische Anlenkung des Vergasers einen gewissen progressiven Verlauf in die Ansteuerung zu bringen, um der Tatsache Rechnung zu tragen, dass der Leistungsbedarf nicht linear, sondern quadratisch mit der Blattanstellung steigt. Außerdem weisen einige Vergaser, wie beispielsweise der WEBRA-Dynamix-Vergaser, eine stark degressive Regelcharakteristik auf, die bei der Anlenkung mit ausgeglichen werden sollte. Diese Veränderung der Steuercharakteristik kann prinzipiell überall dort vorgenommen werden, wo die weitgehend lineare Bewegung eines Gestänges und die Schwenkbewegung eines damit verbundenen Hebels um einen Drehpunkt zusammentreffen. Man muss jedoch unterscheiden zwischen den beiden Richtungen der Kraftübertragung: So bezeichnet man einen Hebel als „aktiv", wenn er das Gestänge bewegt, und als „passiv", wenn er vom Gestänge bewegt wird. Ein Servo-Steuerhebel ist daher also „aktiv", ein Vergaserhebel „passiv". Nach dieser Betrachtungsweise besitzt ein Umlenksegment demnach sowohl einen aktiven als auch einen passiven Hebel, denn das ankommende Gestänge vom Servo bewegt den einen Hebelarm, während der damit verbundene andere Hebelarm „aktiv" auf das zum Vergaser führende Gestänge wirkt. Betrachten wir nun das Verhältnis zwischen der linearen Bewegung des Gestänges und dem Drehwinkel des damit verbundenen Hebels, so ist festzustellen, dass die lineare Bewegung des Gestänges im Verhältnis zu einem bestimmten Drehwinkel dann am größten ist, wenn Gestänge und Hebelarm einen rechten Winkel zueinander bilden. Je weiter dieser Winkel von 90° abweicht, umso geringer wird die Bewegung des Gestänges durch den Hebelarm, und an den beiden Totpunkten, wo Hebel und Gestänge in einer Linie liegen, erfolgt überhaupt keine lineare Bewegung mehr. Diese Abhängigkeit von Bewegung und Drehwinkel, die natürlich sowohl für aktive wie auch für passive Hebel gilt, kann man sich nun zu Nutze machen, um eine nichtlineare, in diesem Falle progressive Vergaseransteuerung zu erreichen. Normalerweise ordnet man, wie oben beschrieben, die Hebel so an, dass bei Mittelstellung der Ansteuerung die Hebel jeweils rechtwinklig zu den Gestängen stehen, damit sich die Nichtlinearitäten in der Anlenkung exakt gegeneinander aufheben, sodass der Drehwinkel des aktiven Hebels dem Drehwinkel des passiven Hebels entspricht, gleich lange Hebelarme vorausgesetzt. Die Steuerung erfolgt dann symmetrisch um diese Mittellage herum. Wird diese Mittellage eines Hebels nun verändert, so entsteht eine nichtlineare Steuercharakteristik. Man beginnt zunächst beim Servo. Die angestrebte progressive Vergaseransteuerung bedeutet, dass sich bei Betätigung des Steuerknüppels von der Leerlaufposition in Richtung Vollgas der Vergaser zunächst langsam und dann immer schneller öffnet. Bei einem normalen Servo-Drehwinkel von 2 x 45°, also insgesamt 90°, ergibt sich demzufolge die stärkste Progression, wenn das Gestänge in „Motor aus"-Position auf dem Totpunkt eingehängt ist und sich in der Vollgasstellung gerade der Winkel von 90° zwischen Gestänge und Servohebel ergibt. Den gleichen Effekt kann man auch erzielen, indem der passive Hebel genau umgekehrt justiert wird, sodass er von der 90°-Stellung bei Leerlauf auf den Totpunkt für Vollgas zuläuft. Der Nachteil dieser „Differenzierung" der Anlenkung, wie man diesen Vorgang auch bezeichnet, am passiven Hebel ist jedoch, dass zwar der Steuerweg progressiv zunimmt, die Steuerkraft jedoch im gleichen Maße abnimmt und am Totpunkt nicht mehr vorhanden ist; hier richtet sich die gesamte vom Servo wirkende Kraft nur noch gegen die Lagerung des Hebels. Daher sollte eine Differenzierung vorzugsweise zunächst an den aktiven Hebeln eines derartigen Übertragungssystems vorgenommen werden, und erst danach, wenn damit nicht der erforderliche Grad der Progression erreicht wird, auch an den passiven Hebeln. Man muss dann aber darauf achten, dass die erforderlichen Steuerwege erreicht werden, ohne dass ein passiver Hebel dem Totpunkt zu nahe kommt. Deshalb also beginnt man zunächst am Servo (Abb. 2.4.3.1).

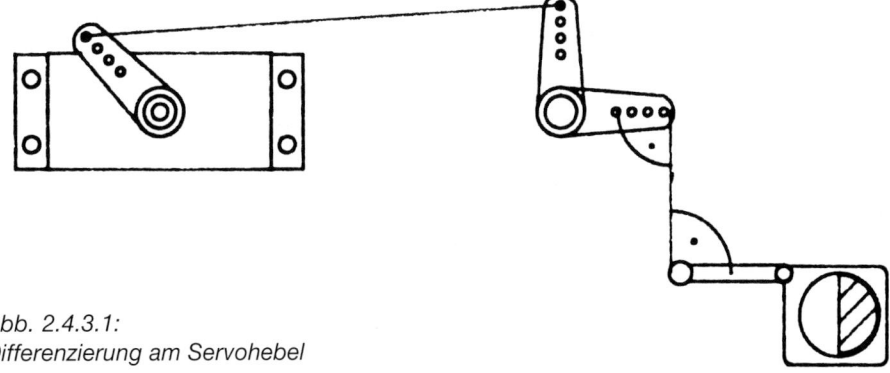

Abb. 2.4.3.1:
Differenzierung am Servohebel

Wenn bei linearer Einstellung vorher die Grundeinstellung korrekt war, so wird sie nach dem Umstellen des Steuerhebels zur Differenzierung nun nicht mehr stimmen; der Steuerweg ist jetzt kleiner geworden, weswegen man nun den Servoarm verlängern muss. Bei der Differenzierung am Servoarm ist auch zu berücksichtigen, dass hiervon auch die Wirksamkeit der Leerlauftrimmung beeinträchtigt wird, sodass hier ein Kompromiss eingegangen werden muss zwischen der maximal möglichen Porgressivität, wie oben beschrieben, und einer noch eben ausreichenden Wirkung der Leerlauftrimmung. Diese ist dann gegeben, wenn damit sowohl ein sicherer Leerlauf einzustellen ist als auch der Motor abzustellen ist. Man wird daher den Hebel so auf dem Servo befestigen, dass er in Leerlaufstellung entsprechend weit vor dem Totpunkt stehen bleibt, womit in der Vollgasstellung dann der 90°-Punkt natürlich etwas überschritten wird. Danach muss dann erneut die Grundeinstellung vorgenommen werden, wiederum ausgehend von der Vollgasstellung. Die nächste Möglichkeit, den Grad der Progression zu steigern, findet sich im aktiven Hebel der 90°-Umlenkung, wie er beispielsweise beim HEIM-System ohnehin zu finden ist *(Abb. 2.4.3.2)*.

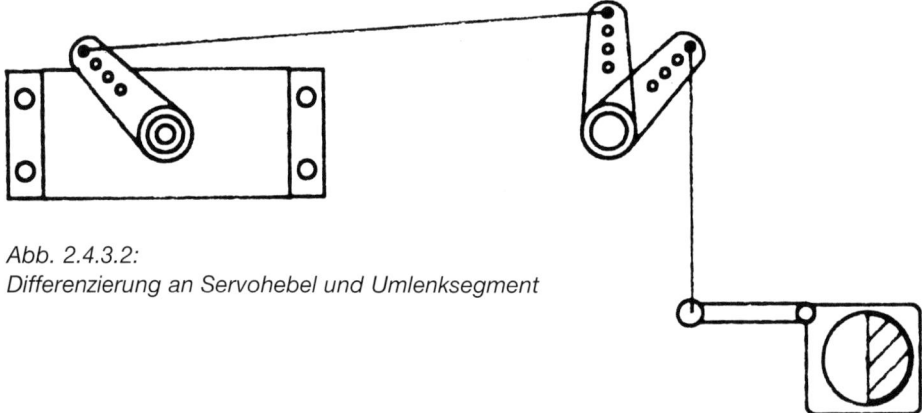

Abb. 2.4.3.2:
Differenzierung an Servohebel und Umlenksegment

Während der passive, vom Servo angetriebene Hebel sich symmetrisch um die 90°-Position bewegt, ordnet man den aktiven Hebel so an, dass er erst in Vollgasstellung diesen 90°-Punkt erreicht und sich bei Leerlaufstellung in der Nähe des Totpunktes befindet. Die beiden Hebelarme des Umlenksegmentes bilden daher einen Winkel zueinander, dessen Betrag zwischen 30 und 60° liegt. Die Länge des passiven Hebels muss so bemessen sein, dass das Umlenksegment für den gesamten Steuerweg einen Drehwinkel von nahezu 90° ausführt; geringere Drehwinkel reduzieren den Grad der Progression. Der durch das Differenzieren am Umlenksegment wiederum reduzierte Steuerweg ist durch Verlängern des aktiven Hebels wieder auszugleichen. Schließlich bleibt noch die Möglichkeit, auch am Vergaserhebel differenziert anzulenken, sodass bei Leerlaufstellung der 90°-Punkt liegt, wobei aber, wie zuvor erläutert, die Vollgasstellung weit genug vor dem Totpunkt erreicht werden muss.

Auf diese Art kann je nach Hubschraubermodell die Vergaseransteuerung mehr oder weniger progressiv eingestellt werden, was natürlich auch vom verwendeten Vergaser abhängt. Beim HEIM-System mit WEBRA-Motor und

Dynamix-Vergaser ist es zu empfehlen, alle Möglichkeiten zur Differenzierung maximal zu nutzen, also an Servo, Umlenkhebel und – in vernünftigen Grenzen – am Vergaserhebel. In der Praxis ergibt sich selbst dann immer noch der Wunsch und die Möglichkeit, den Grad der Progression mithilfe der entsprechenden Elektronik im Sender weiter zu steigern und sehr bequem die Feineinstellung vornehmen zu können.

Leerlauf

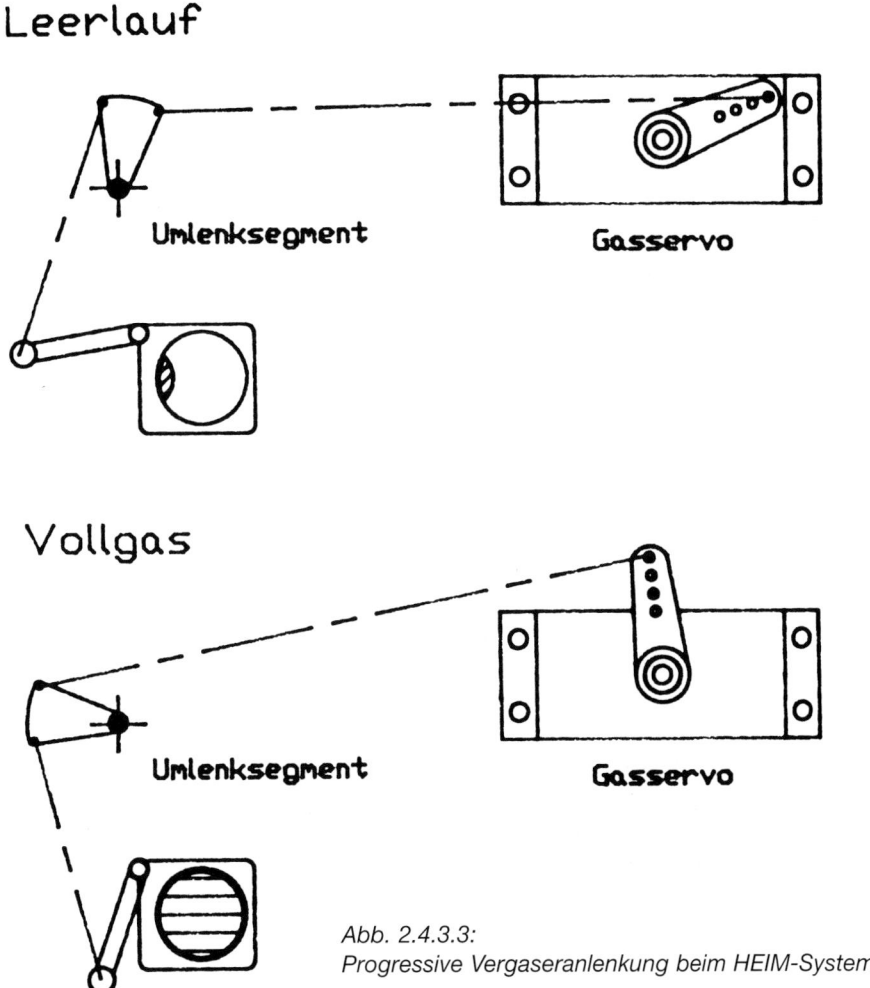

Umlenksegment   Gasservo

Vollgas

Umlenksegment   Gasservo

Abb. 2.4.3.3:
Progressive Vergaseranlenkung beim HEIM-System

2.5 Heckrotorsteuerung

Bei der Heckrotoransteuerung sollte man darauf achten, eine möglichst leichtgängige, spielfreie und vor allem nicht federnde Kraftübertragung vom Servo auf die Blattverstellung zu erreichen. Das gelingt nur mit einer geradlinigen Ansteuerung mit einem Gestänge aus massivem Draht; Bowdenzüge sind hier weniger geeignet. Vor allem die in manchen Hubschrauberbausätzen mitge-

71

Differenzierte Vergaseransteuerung in der „Trilink"-Mechanik

Oben: Vergaser völlig geschlossen. Der Servohebel steht auf dem Totpunkt, passiver Hebel des Umlenksegments und Gestänge bilden einen rechten Winkel, aktiver Hebel und Gestänge bilden einen spitzen Winkel

Unten:
Vollgasstellung

lieferten Bowdenzüge, bei denen auch der Innenzug aus Kunststoff besteht, sind völlig ungeeignet, da sie ihre Länge unter Wärmeeinwirkung extrem verändern. So reicht beispielsweise die vom Schalldämpfer im Rumpf erzeugte Wärme aus, um den Heckrotor um mehr als 5 Grad zu verstellen. Außerdem dämpft die Reibung die Stellgeschwindigkeit der Heckrotorsteuerung und damit auch den Grad der möglichen Stabilisierung durch den Kreisel. Ist eine geradlinige Anlenkung nicht möglich, so sollte man eher Umlenkhebel einbauen als einen flexiblen Steuerzug im Bogen zu verlegen.

Natürlich darf das Steuergestänge im Rumpf auch nicht durchfedern, weswegen man es in einem ausreichend bemessenen Kunststoffrohr führt, das vorn und hinten fixiert wird, sodass das Gestänge keine Möglichkeit zum seitlichen Ausweichen hat. Als Gestängematerial eignet sich hervorragend 2 mm starker verzinkter Eisendraht, auf den man die für die Kugelgelenke benötigten M2-Gewinde sofort aufschneiden kann. Löthülsen und Lötstellen an Gestängen überhaupt sollte man so weit wie möglich vermeiden, da sie immer eine mögliche Fehlerquelle darstellen. Das Führungsrohr für die Heckrotoransteuerung muss natürlich im Rumpfheck sorgfältig festgelegt werden, damit eine optimale Kraftübertragung gewährleistet wird.

Noch besser, wenn es sich im jeweiligen Modell realisieren lässt, ist eine gerade, direkte Ansteuerung über ein freitragendes Gestänge aus Kohlefaserrohr. Mit entsprechend kurzen Anschlussstücken aus 2-mm-Eisendraht versehen, ist das eine nahezu ideale Anlenkung, denn das CfK-Rohr biegt sich nicht durch, ist gleichzeitig sehr leicht, und es entsteht keine Reibung, wie es bei einem Drahtgestänge im Führungsrohr der Fall ist.

2.6 Ein paar Gedanken zur Betriebssicherheit

Die modernen Modellhubschrauber sind längst dem Experimentalflugstadium entwachsen, funktionieren durchweg zufrieden stellend, einwandfreie Montage und fliegerisches Können vorausgesetzt, und auch die Fernsteuerungen leisten heute schon am unteren Ende der Preisskala mehr als früher eine Spitzenanlage. Über all den wunderbaren, nützlichen Dingen wie Kreisel, Drehzahlregler, Computersender, PCM-Technik usw., die das Helifliegen so wesentlich erleichtern und viele Flugmanöver erst ermöglichen, neigt man gelegentlich dazu zu vergessen, an welch dünnem Faden die ganze Hightechpracht eigentlich hängt. Der Ausfall eines einzigen Servos, ein Kabelbruch, aber auch ein unzuverlässiger, vibrationsanfälliger Empfängerakku kann unter Umständen ohne Vorwarnung ein Modell vernichten, das Sekunden vorher noch auf dem Höhepunkt seiner Leistungsfähigkeit erschien. Vor derartigen schmerzhaften Rückschlägen ist eigentlich, unabhängig vom fliegerischen Können, niemand sicher. Allerdings gelingt es mit zunehmender Erfahrung immer besser, Probleme vorherzusehen und diesen vorhersehbaren Schwierigkeiten aus dem Weg zu gehen.

Voraussetzung für eine geringe Ausfallwahrscheinlichkeit ist natürlich zunächst die gute Qualität aller im Modell eingebauten RC-Komponenten, und die sind meist in der oberen Preisregion angesiedelt. Das bedeutet jedoch nicht, dass ein hoher Preis allein schon eine Gewähr für langes, ausfallfreies Funktionieren bietet, aber im Umkehrschluss kann davon ausgegangen werden, dass beispielsweise der Einbau von Billigservos im Hubschrauber der sicherste Weg zu spektakulären Crashszenen ist.

Gerade bei den Servos ist die Beanspruchung im Hubschrauberbetrieb höher und anders geartet als in den übrigen Bereichen des Modellsports. Die im Hubschrauber allgegenwärtigen Vibrationen gelangen sowohl über das Gehäuse als auch über den Steuerhebel ans Servo. Kritische Punkte sind vor allem das Servopotenziometer und der Motor, alles andere kann man mit verhältnismäßig geringem Aufwand vibrationsfest machen. Helikopterservos weisen durchweg eine elastische Kupplung zwischen Getriebe und Rückstellpotenziometer auf, um dessen Verschleiß durch über das Steuergestänge eingeleitete Vibrationen in Grenzen zu halten. Über elastische Gummitüllen in der Servobefestigung versucht man, die schlimmsten Vibrationsbelastungen fern zu halten, aber machen wir uns nichts vor: Bei der geringen Masse eines Servos erreicht man mit elastischer Aufhängung keineswegs eine Entkoppelung bezüglich der Schwingungen, sondern höchstens eine Verlagerung in einen tieferen Frequenzbereich, der (hoffentlich) dem Servo weniger zusetzt als die höherfrequenten Vibrationen. Dennoch, es gibt Servomotoren, die gegen Vibrationen bestimmter Frequenz, Stärke und Richtung(!) empfindlich sind: Treten sie auf, so fällt nach kurzer Zeit der Motor mit innerem Kurzschluss aus, wodurch auch meist gleich die Elektronik mit zerstört wird. Dabei ist es völlig unerheblich, ob die Servos am Rumpf oder an der Mechanik (HEIM) montiert sind; wo im Modell welche Schwingungen mit welcher Stärke auftreten, ist kaum berechenbar. Trifft man mit dem Einbauort des Servos zufällig ein Schwingungsmaximum, so hat man eben Pech. Sollte also in einem Modell immer wieder das Servo an einer bestimmten Einbauposition ausfallen, kann schon eine geringfügige Verschiebung zu erstaunlichen Erfolgen führen. So ist beispielsweise bei meiner AGUSTA 109 immer wieder nach unverhältnismäßig kurzer Zeit das vorn oben im Servobrett auf dem Kopf stehend montierte Heckrotorservo ausgefallen. Um gerade mal zwei Zentimeter verschoben, sind seither keine Probleme mehr aufgetreten. Ebenso hatte ich ein Modell, bei dem immer das linke Taumelscheibenservo nach 5 bis 10 Flügen ausfiel, das übrigens in der Mechanik montiert war. Warum aber immer nur das linke Servo, während alle anderen problemlos funktionierten? Hier war eben zufällig genau an dieser Stelle solch ein Schwingungsmaximum, und weil man Servos in der Mechanik nicht verschieben kann, habe ich schließlich wieder ein Servobrett und Umlenkungen eingebaut, wodurch das Problem auf Dauer gelöst war. Bei oberflächlicher Betrachtung könnten sich hier natürlich wieder diejenigen bestätigt fühlen, die dem Direkteinbau der Servos in die HEIM-Mechanik skeptisch gegenüberstehen, doch so einfach kann man sich die Sache nicht machen; der tatsächliche Sachverhalt ist nun einmal komplizierter, und außerdem ist bei den Hubschraubermodellen allgemein der Übergang zwischen Mechanik und restlichem Chassis fließend.

Um keinen falschen Eindruck entstehen zu lassen: Wenn man für einen Servotyp bestimmte Einbaupositionen vermeiden muss, ist das eindeutig ein Konstruktionsfehler des Servos, das eben nicht uneingeschränkt für Hubschrauber einsetzbar ist, obgleich es gerade für diesen Bereich angeboten wird, doch trifft das leider mehr oder weniger für eine nicht unerhebliche Zahl der Servos auf dem Markt zu. Hinzu kommt die Schwierigkeit, derartige Probleme, die sich nur statistisch über einen längeren Zeitraum erfassen lassen, den Herstellern gegenüber eindeutig zu belegen, weshalb es auch keinen Sinn hat, in diesem Zusammenhang einen bestimmten Typ oder Hersteller zu nennen. Wir müssen einfach damit leben und uns vor allem darauf einstellen, dass die Servos nicht so perfekt sind wie der Rest der Fernsteueranlage und wohl immer den schwächsten Punkt im System Modellhubschrauber darstellen werden.

Es gibt kein Patentrezept dafür, wie man sich auf diesen Sachverhalt einstellt, je nach fliegerischem Können haben Servoausfälle auch einen unterschiedlichen Stellenwert für jeden Einzelnen, und so kann ich hier nur von meiner eigenen Situation ausgehen.

Irgendwann vor einigen Jahren stellte ich rückblickend über einen Zeitraum von zwei Jahren fest, dass in über 90% der Fälle, in denen eines meiner Modelle abstürzte, der Ausfall eines der Taumelscheibenservos die Ursache dafür war. Wer nun vorschnell glaubt, durch präventives Austauschen der Servos nach einer bestimmten Betriebszeit das Problem „erschlagen" zu können, irrt gewaltig, denn der Anteil der „Frühausfälle" bei den aufgetretenen Servoausfällen war unverhältnismäßig hoch. Dazu muss man wissen, dass bei der Zuverlässigkeitsabschätzung von elektronischen Geräten stets von einer sehr charakteristischen Kurve auszugehen ist, was die Ausfallwahrscheinlichkeit in Abhängigkeit von der Betriebszeit betrifft. Am Anfang, also beim ersten Einschalten, ist die Ausfallwahrscheinlichkeit am größten auf Grund versteckter Bauteile- und Fabrikationsfehler, danach fällt sie im Laufe von 5 bis 10 Stunden auf ein Minimum ab, um dann über einen langen Zeitraum konstant niedrig zu bleiben und erst gegen

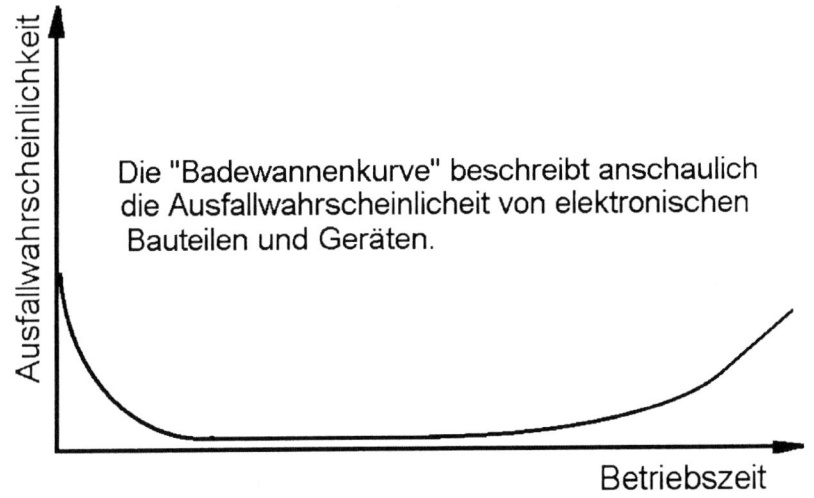

Abb. 2.6.1: „Badewannenkurve"

Ende der normalen „Lebenserwartung" des Geräts wieder progressiv anzusteigen.

Das alles beruht selbstverständlich auf der Annahme, dass das Gerät konstruktiv und fertigungstechnisch einwandfrei ist. Um bei wichtigen, im Einsatz nicht mehr zugänglichen Geräten (Satelliten, Verstärker an Tiefseekabeln usw.) den ersten Bereich erhöhter Ausfallwahrscheinlichkeit (Frühausfälle) auszugrenzen, verwendet man dort vorgealterte Bauelemente, die zuvor entsprechend lange unter Extrembedingungen betrieben wurden. Ein derartiger Aufwand ist natürlich bei Geräten der „Konsumelektronik", wozu auch unsere Fernsteuerungen zählen, für den Hersteller wirtschaftlich nicht vertretbar, doch als Modellflieger kann man etwas tun. Für mich bedeutet das, dass ich alle wichtigen Fernsteuerungskomponenten wie Sender, Empfänger, Servos und Akkus niemals einfach aus der Schachtel heraus sofort zum Einsatz bringe, sondern zunächst zu Hause eine angemessene Betriebszeit hinter sich bringen lasse. Bei Sendern und Empfängern ist es einfach, man braucht sie nur eingeschaltet stehen zu lassen, und Akkus lasse ich mehrere Lade- und Entladezyklen bei gleichzeitiger Kapazitätsmessung durchlaufen. Servos müssen allerdings in Bewegung gehalten werden, wenn das „Voraltern" einen Sinn haben soll, und hier gibt es bei den meisten Computerfernsteuerungen die Option „Servotest", die alle Servos gleichzeitig oder nacheinander in einer Endlosschleife bewegt. Werden neue Servos auf diese Weise ca. 5 Stunden betrieben, ist man vor unliebsamen Überraschungen durch Frühausfälle weitgehend gefeit. Das setzt jedoch, wie bereits gesagt, einwandfreie Konstruktion und Fertigung voraus. In meinem Fall konnte dieses Vorgehen die aufgetretenen Ausfälle dennoch nicht verhindern, weil es sich in den damaligen Fällen nicht um echte Frühausfälle, also Bauteilefehler handelte, sondern schlicht und ergreifend um herstellerseitige Schlamperei. Wenn beispielsweise die Drahtverbindungen zwischen Servoplatine und Rückstellpoti so angeordnet sind, dass sie im Gehäuse frei schwingen können, ist es nur eine Frage der Zeit, wann diese Litzen bei den Vibrationen im Hubschrauber hinter den Lötstellen abbrechen und das Servo in die Endstellung läuft. Bei den alten Servoelektroniken mit konventionellen Bauteilen hatte man diese gegeneinander und mit ihnen auch die in die Platine gelöteten Drähte mit Lack oder Silikon verklebt, um alles vibrationsfest zu machen, und ein Stück Schaumstoff zwischen Elektronik und Rückstellpoti verhinderte jede Bewegung der Drahtverbindungen auch bei härtesten Vibrationen. Als die Servoelektroniken auf SMD-Technik umgestellt und die Bauelemente zum größten Teil auf der Unterseite der Platine angeordnet wurden, fehlten auf der Oberseite die Bauteile, die miteinander verklebt die Drähte einerseits an der Platine fixierten und andererseits mit dem Schaumstoff am Schwingen hinderten: Diese Drähte hingen frei in der Luft und brachen früher oder später ab. Ich habe mir damit geholfen, dass jedes neue Servo dieses Typs zunächst geöffnet und alle derartigen Kabelverbindungen mit reichlich Silikon aus der Tube verklebt wurden. Wer übrigens glaubt, dass dieser fertigungstechnische Fehler, den ich eingehend mit dem Hersteller diskutiert habe, kurzfristig abgestellt wurde, wird enttäuscht: Das betreffende Servo wurde über fünf Jahre lang unverändert gefertigt, und so blieb mir bei jedem neuen Servo dieses Typs der Griff zu Schraubendreher und Silikonspritze nicht erspart, unter Umständen unter Verzicht auf die Herstellergarantie, doch der baut meine defekten Modelle unter Garantie nicht wieder auf! Dass ich bei diesen Aktionen bei 30% der geöffneten Servos auf Kaltlötstellen an den Anschlusskabeln oder den Kabeln zum Poti gestoßen bin, bei denen sich schon beim Öffnen des Gehäuses die Drähte lösten, wird vom Hersteller zwar sicher wieder als ein unglaublicher Einzelfall eingestuft werden, doch „High Class" war das sicher nicht.

Gleichgültig, ob die Servos wie beschrieben vibrationsfest gemacht wurden, oder ob man Servos anderer Hersteller verwendet, die derartige Prozeduren nicht nötig haben, es ist damit zu rechnen, dass irgendwann doch einmal eines ausfällt. Beim Heckrotor- und beim Gasservo ist es noch nicht so tragisch, aber der Ausfall eines Taumelscheibenservos bei beispielsweise symmetrischer Dreipunktanlenkung lässt dem Piloten kaum eine Chance, der Absturz ist unvermeidlich, selbst wenn das Servo nur wegen eines Fehlers am Poti irgendwo hängen bleibt. Die einzige Möglichkeit, hier zusätzliche Sicherheitsreserven einzubauen, bietet die Vierpunktanlenkung, und so habe ich inzwischen alle Modelle auf diese Ansteuerungsart umgestellt. Das bietet zwar keine absolute Sicherheit, erhöht aber erheblich die Chance, dass sich die anderen drei Servos gegen ein ausgefallenes durchsetzen und eine, wenn auch eingeschränkte Steuerbarkeit erhalten bleibt. Diese Überlegung hat sich inzwischen in der Praxis mehrfach bestätigt.

Wie schon gesagt, in erster Linie sind heute unsere Servos die Achillesferse aller Modellhubschrauber, aber auch andere Komponenten des Gesamtsystems Hubschrauber bedürfen der Aufmerksamkeit, will man unliebsame Überraschungen vermeiden. Wie schon oben angesprochen, geht es nicht darum, über mangelnde Qualität einzelner Produkte zu lamentieren oder bestimmte Hersteller anzuprangern. Vielmehr sollen diese Überlegungen dazu dienen, Zuverlässigkeit und mögliche Fehlerquellen realistisch einzuschätzen, sich darauf einzustellen und so Probleme selbst zu lösen oder ihnen wenigstens auszuweichen.

Nach den Servos häufigste Ursache für Ausfälle aller Art sind Fehler in der Stromversorgung der Empfangsanlage. Derartige Ausfälle beschränken sich nicht nur auf so einfache Dinge wie Kabelbrüche oder Wackelkontakte in Schalter und Steckverbindungen; auch vieles von dem, was man als Fremdstörung oder Fehler des Empfängers, Kreisels oder Drehzahlreglers einordnet, hat in Wirklichkeit oft seine Ursache in der Stromversorgung. Grund genug also, auch darüber einmal etwas intensiver nachzudenken.

Im Hubschrauber sind im Normalfall fünf oder sechs Servos der oberen Leistungsklasse eingebaut, also mit ca. 5 kp/cm Stellkraft, die je nach Modell auch benötigt wird. Die Stromaufnahme jedes Servos beträgt dabei ca. 1 A, zwar nicht dauernd, aber doch als Impuls bei entsprechender Belastung, was in der Summe dann rechnerisch Stromspitzen von 5 bis 6 A ergibt, die in der Praxis noch höher liegen dürften und vom Akku über das Schalterkabel und die Steckerleiste des Empfängers aufgebracht werden müssen. Aus Gründen der einfachen Handhabung und zu Gunsten eines geringen Gewichts besitzen die Kabel an Servos und Empfängerstromversorgung einen sehr geringen Querschnitt von ca. 0,15 mm², was bei Anwendungen in normalen Flugmodellen kaum negative

Auswirkungen hat. Vom Empfänger aus verteilt sich der Strom sternförmig auf die betroffenen Servos, doch vom Akku bis zum Empfänger muss er für alle Servos, den Empfänger selbst und den Kreisel durch ein einziges Kabel, dessen geringer Querschnitt und damit hoher Widerstand hier bei hohen Strömen zu einem erheblichen Spannungsabfall führt. Geht man also von einem Strom von 6 A und der gebräuchlichen Länge des Schalterkabels einschließlich Akkuanschluss aus, zusammen etwa 50 cm, so beträgt der Spannungsabfall auf einem Zuleitungskabel von 0,15 mm² volle 1,23 V, sodass also an der Steckerleiste des Empfängers bei 4,8 V Akkuspannung nur noch 3,6 V ankommen: Das ist auch die Betriebsspannung für den Empfänger (!) und den Kreisel. Auch eine Verdoppelung des Kabelquerschnitts bei Akku und Schalterkabel, wie von einigen Herstellern durchgeführt, lässt immer noch einen durchschnittlichen Spannungsabfall von 0,6 V erwarten. Wohlgemerkt, das sind Durchschnittswerte, die Spannungseinbrüche der Empfängerstromversorgung beim Anlaufen der Servos reichen teilweise, je nach Last, bis unter 3 V. Man kann diese Vorgänge leicht beobachten, wenn einer der handelsüblichen Akkucontroller an einen freien Servoanschluss des Empfängers gesteckt und die Steuerknüppel schnell bewegt werden. Bei dünnen Kabelquerschnitten der Stromversorgung blinken die Leuchtdioden wie eine Lichtorgel. Hält man die Servos für einige Sekunden in Bewegung, so kann man meist auch hören, dass die Drehzahl des Kreisels abnimmt, denn sein Motor bekommt nun ebenfalls eine geringere Spannung. Dass unsere Empfänger und sonstige modellseitig installierte Elektronik mit einer derartig gestörten, instabilen Betriebsspannung überhaupt arbeitet, grenzt eigentlich schon an ein Wunder, doch muss man unter derartigen Bedingungen mit einer geringeren Stabilität der Arbeitsweise und gelegentlichen Aussetzern rechnen. Empfindlich gegenüber derartigen Spannungsschwankungen sind naturgemäß hochintegrierte Schaltungen und mit Mikroprozessoren bestückte Baugruppen. Bei den Empfängern hat man das heute durchweg so weit im Griff, dass auch bei extremen Spannungseinbrüchen keine Fehlfunktionen mehr auftreten, doch hat es PCM-Empfänger eines deutschen Herstellers gegeben, deren Mikroprozessor bei derartigen Störspitzen dauerhaft „in den Wald" lief und erst durch Ausschalten der Stromversorgung für einige Sekunden wieder zurückgesetzt werden konnte. Wie gesagt, derartig totale Ausfälle passieren heute in der Regel nicht mehr, doch kann man generell davon ausgehen, dass sich eine instabile Versorgungsspannung negativ auf Trennschärfe und Zuverlässigkeit des Empfängers sowie die Stabilität der Funktion von Kreisel und Drehzahlreglern auswirkt. Viele Probleme beim Einsatz von elektronischen Drehzahlreglern, die ja auch durchweg mit Mikroprozessoren bestückt sind, haben ihre Ursache in diesen Spannungseinbrüchen, die dann dazu führen, dass sich beispielsweise plötzlich die Regelrichtung umkehrt oder der Regler völlig unmotiviert den Motor abstellt.

Nicht sofort zu durchschauen sind die Auswirkungen einer instabilen Versorgungsspannung auf den (mechanischen) Kreisel. Seine Wirkungsstärke hängt ab von der Kraft, mit der er bei Drehung um die Hochachse auf Grund der Präzession aus seiner durch Rückholfedern bestimmten Ruhelage kippt, und diese Kraft wiederum hängt von der Drehzahl des Kreisels ab. Verringert sich nun diese Drehzahl bei verringerter Betriebsspannung, so nimmt auch die Kreisel-

Wirkung ab, auf Grund der Massenträgheit des rotierenden Kreisels allerdings mit zeitlicher Verzögerung. Man merkt das, wenn beispielsweise bei böigem Wetter versucht wird, langsame Pirouetten auf der Stelle zu fliegen und dabei kräftig mit der Taumelscheibensteuerung auszugleichen ist. Nach einiger Zeit wird das Heck instabil, als ob man die Kreiselwirkung verringert hätte. Lässt man das Modell dann einen Moment in Ruhe, ohne wesentliche Steuerausschläge, so ist die Stabilität wieder normal. Es ist mitunter nicht ganz einfach, diesen Effekt zu beobachten, weil man meist das plötzliche Wegschwenken des Hecks evtl. Windböen zuschreibt, die oft auch hinzukommen, aber mit entsprechender Erfahrung lässt sich die instabile Arbeitsweise des Kreisels als Ursache erkennen. Das wird natürlich besonders dann deutlich, wenn die Ursache des Problems beseitigt und dadurch tatsächlich eine deutlich verbesserte Stabilität um die Hochachse feststellbar ist.

Damit kommen wir zur Abhilfe bei diesen Problemen. Die Lösung ist – kaum überraschend – recht einfach: ausreichend große Kabelquerschnitte. Seit einiger Zeit benutze ich mit gutem Erfolg für die Stromversorgung meiner Empfangsanlagen hochflexible Litze mit 0,75 mm² Querschnitt. Derartige Drahtstärken lassen sich natürlich nicht direkt mit den normalerweise verwendeten Steckern verbinden, die darüber hinaus keinen entsprechenden Querschnitt aufweisen, und es erscheint auch nicht optimal, den gesamten Strom für Empfänger und Servos über eine einzige Steckverbindung in den Empfänger zu führen. Daher

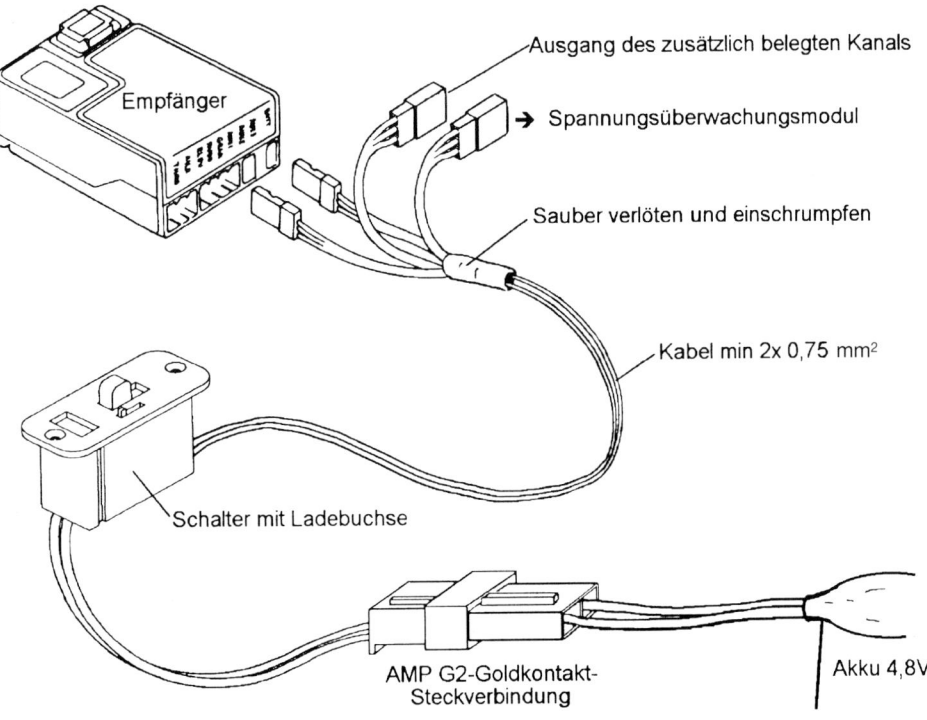

Abb. 2.6.2: Schalterkabel

löte ich unmittelbar vor dem Empfänger an die dicken Leitungen zwei der normalen Stromversorgungskabel, auf ca. 5 cm Länge gekürzt, und führe so den Strom über zwei Buchsen in den Empfänger. Sollten alle Empfängeranschlüsse benötigt werden, so benutze ich „fliegende" Kupplungen, die an die Stecker der Stromversorgung angelötet werden. Beim Verlöten der Kabel ist es sehr wichtig, ausreichende Zug- und Knickentlastungen anzubringen, am besten, indem entsprechender Schrumpfschlauch verwendet wird. Für den Hauptschalter der Empfangsanlage „schlachte" ich ein normales Schalterkabel mit Ladebuchse und löte die 0,75-mm²-Kabel statt der serienmäßigen an die Kontakte, wobei die Plus-Leitung über mehrere Kontakte des Schalters geführt und die Minus-Leitung nicht durchtrennt, sondern nur für die Ladebuchse angezapft wird. Auch hier muss man auf zuverlässige Zugentlastung achten und ggf. alles mit Silikon verkleben. Auf der Akkuseite haben sich hochwertige AMP-Doppelsteckverbindungen mit Goldkontakten bewährt, wie sie auch für die Antriebsakkus im Elektroflug verwendet werden.

Ein derartiges Schalterkabel selbst herzustellen ist natürlich ein gewisser Arbeitsaufwand und nicht unbedingt billig, aber es lohnt sich: Auch bei Last stabile Versorgungsspannung gibt den Servos mehr Kraft, sorgt für eine konstante Kreiseldrehzahl und damit stabile Arbeitsweise von Kreisel und Empfänger; mit einem angeschlossenen Spannungs-Überwachungsmodul lässt sich die Wirksamkeit der Anordnung leicht anhand des ausbleibenden „Lichtorgeleffekts" überprüfen. Allerdings müssen wir darauf vorbereitet sein, dass die Stromaufnahme der Empfangsanlage nun merklich ansteigt, weil jetzt der Vorwiderstand (dünnes Kabel) fehlt und somit jedes Servo den Strom bekommt, den es zum Aufbringen der erforderlichen Stellkraft und Geschwindigkeit braucht. Man kann davon ausgehen, dass ein normaler Empfängerakku mit 1400 mAh für maximal eine Stunde Betrieb ausreicht – das sind vier Flüge. Aus diesem Grund sind Akkus geringerer Kapazität als Leichtsinn einzustufen (auch wenn so etwas immer wieder von einigen Herstellern vorgesehen wird).

Die Anzeige des Akku-Controllers muss nun gegenüber vorher anders interpretiert werden. Bewusst wähle ich den Ausdruck „interpretiert", denn obgleich oft der Eindruck entsteht, mit den handelsüblichen Spannungsüberwachungsmodulen ließe sich die noch im Akku vorhandene Energie messen, ist das durchweg nicht der Fall, weil die verwendeten NiCd-Akkus mit Sinterelektroden eine so flache Entladekurve aufweisen (die am Ende fast senkrecht abfällt), dass aus der Spannung – auch unter Last – nur bei genauer Kenntnis des betreffenden Akkus nach entsprechender Beobachtung seines Entladeverhaltens auf seinen Ladezustand Schlüsse gezogen werden können. Dennoch ist solch eine Spannungsüberwachung sinnvoll – ich bevorzuge die Ausführung mit 10 LEDs –, kann man damit doch bei entsprechend feiner Abstufung der angezeigten Spannungswerte die einwandfreie Funktion des Akkus überprüfen und wird auf eventuell auftretende Zellendefekte oder Fehler beim Laden frühzeitig aufmerksam; man muss die Anzeige auf Grund der zuvor erworbenen Erfahrungswerte richtig interpretieren. Aus diesem Grunde halte ich Spannungsüberwachungen mit nur einer einzigen Leuchtdiode, die bei Unter- oder Überschreiten einer bestimmten

Spannung leuchtet, für sinnlos. Der Spannungsverlauf verschiedener Akkus ist zu unterschiedlich, als dass man eine Schaltschwelle festlegen könnte, die noch ein sicheres Landen gewährleistet.

Wichtig für ein einwandfreies Funktionieren der Akkus ist selbstverständlich auch das richtige Laden. Hier wird interessanterweise oft viel zu zaghaft vorgegangen und durch vermeintlich schonendes Laden mit kleinen Ladeströmen genau das Gegenteil von dem erreicht, was man bezweckt. Die oben beschriebene Abschätzung der auftretenden Ströme und der erreichbaren Betriebszeit sollten eigentlich deutlich gemacht haben, dass sich die Betriebsweise im Hubschrauber wesentlich von der in einem durchschnittlichen Flugmodell unterscheidet: Während man mit einem Zweiachssegler normalerweise die Kapazität eines 1400-mAH-Akkus an einem einzigen Flugtag nur selten mehr als zur Hälfte ausschöpft, können wir beim Hubschrauber, wie oben gesagt, mit maximal vier Flügen rechnen. Der viel zitierte „Memoryeffekt", also der langsame Kapazitätsverlust eines Akkus, der immer nur zu einem Teil entladen und dann wieder voll geladen wird, ist daher beim Empfängerakku eines Hubschraubers getrost zu vergessen.

Der Ladestrom eines NiCd-Akkus mit Sinterelektroden sollte den auftretenden Entladeströmen angepasst sein: Fließen hohe Entladeströme, so sollte auch mit hohem Strom (schnell) geladen werden; zu kleine Ladeströme führen zu einer niedrigeren Spannungslage des Akkus bei der Entnahme hoher Ströme. Das bedeutet in der Praxis, dass für die beschriebene Akkugröße Ladeströme von 150 bis 250 mA nicht unterschritten werden sollten und dass ein Schnellladen der Empfängerakkus mit einem guten Automatikladegerät durchaus vorteilhaft ist.

Das massive Erscheinungsbild eines Empfängerakkus täuscht leicht darüber, wie empfindlich er gegenüber Erschütterungen ist. Es kann daher nur immer wieder darauf hingewiesen werden, wie wichtig eine weiche, schwingungsdämpfende Lagerung des Akkus im Modell ist. Aufgeklebte oder untergelegte Moosgummiplatten reichen als Dämpfung nicht aus, ebenso wenig die „schwingungsgedämpfte" Befestigung mit Doppelklebe- oder Noppenband. Allein eine wirklich weiche Lagerung in dickem Schaumgummi, der nicht zu stark zusammengedrückt werden darf, gewährleistet Betriebsfähigkeit auf Dauer. „Ausgeschüttelte" Empfängerakkus sind nach Servoausfällen die zweithäufigste Absturzursache. Um hier einen wirklichen Zugewinn an Sicherheit zu erzielen, bedarf es einer doppelten Stromversorgung, für deren Gestaltung es eine ganze Reihe verschiedener Lösungen gibt.

Um dem Modell auch bei Ausfall des Empfängerakkus eine Chance zu geben, besteht eigentlich nur die Möglichkeit, zwei Akkus zu verwenden. Für die Kombination der beiden Stromquellen gibt es nun unterschiedliche Lösungen.

Die einfachste Möglichkeit, statt eines normalen, großen Empfängerakkus zwei kleinere Akkus zu verwenden und parallel zu schalten, ist nicht empfehlenswert, weil NiCd-Akkus selten die gleiche Spannungslage haben und so ständig ein Ausgleichsstrom vom Akku mit der höheren Spannung in den anderen Akku mit niedrigerer Spannung fließen würde, der den einen Akku leer werden lässt,

sodass er im Ernstfall gar nicht mehr zur Verfügung steht. Man kann zwar die beiden Akkus über separate Schalter oder verschiedene Kontakte desselben
Schalters so anschließen, dass sie erst beim Einschalten der Empfangsanlage
parallel geschaltet werden und sich somit nicht in ausgeschaltetem Zustand gegenseitig entladen können, doch ändert das auch nicht viel: Der Ausfall eines der
beiden Akkus durch einen Zellendefekt, der sich wie ein Kurzschluss auswirkt,
kann vom anderen Akku nämlich nicht überbrückt werden, weil seine Ladung in
den defekten Akku fließen würde statt in die Empfangsanlage. Diese Lösung
scheidet also aus.

Erhöhte Sicherheit gegenüber Akkuausfällen entsteht offensichtlich nur, wenn
sowohl Unterbrechungen als auch Kurzschlüsse in einem der beiden Akkus die
Funktion des anderen Akkus nicht beeinträchtigen können. Das Naheliegendste
ist daher die Entkoppelung der beiden Akkus durch Dioden, die den Strom aus
den Akkus nur in Richtung Empfangsanlage fließen lassen, nicht aber in umgekehrter Richtung in die Akkus hinein. Das funktioniert auch, hat aber einen
Haken: Die infrage kommenden Siliziumdioden bewirken einen Spannungsabfall
von 0,7 V, sodass bei 4,8 V Akkuspannung nur 4,1 V am Empfänger anliegen,
was etwas wenig ist. Man gleicht das aus, indem statt der vierzelligen Empfängerakkus mit 4,8 V solche mit fünf Zellen benutzt werden, also mit 6 V Gesamt-
spannung. Das ergibt dann eine Spannung am Empfänger von 5,3 V, was im
normalen Arbeitsbereich von Empfänger, Kreisel und Servos liegt.

Nachteil dieser Anordnung ist das höhere Gewicht, das jedoch meist leicht ange-
sichts des Zugewinns an Sicherheit zu verschmerzen ist, der höhere Platzbedarf
im Modell kann aber schon ein Thema sein. Hier sollte gut überlegt werden, denn
es ist besser, einen einzigen Akku gut in Schaumgummi verpackt, weich gelagert
und vibrationsgeschützt unterzubringen, als zwei Akkus aus Platzmangel so hart
zu lagern, dass man den Vorteil einer doppelten Stromversorgung unmittelbar
demonstrieren kann, wenn die Akkus mangels Vibrationsschutz abwechselnd
ausfallen. Erste Priorität hat also die weiche Lagerung der Akkus, dann kommt
erst der Schritt zur doppelten Stromversorgung.

So einfach diese Anordnung ist, sie hat immer noch einen Nachteil: Ihre Arbeitsweise ist so unauffällig, dass es gar nicht unmittelbar bemerkt wird, wenn tatsächlich ein Akku ausfällt. Eine Betriebsanzeige ist also wünschenswert, die uns

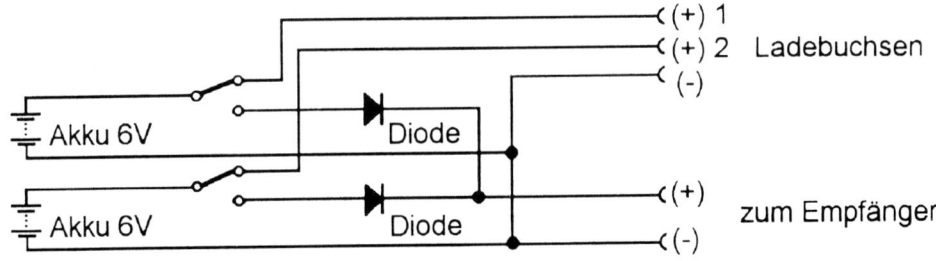

Abb. 2.6.3: Einfache Akkuweiche

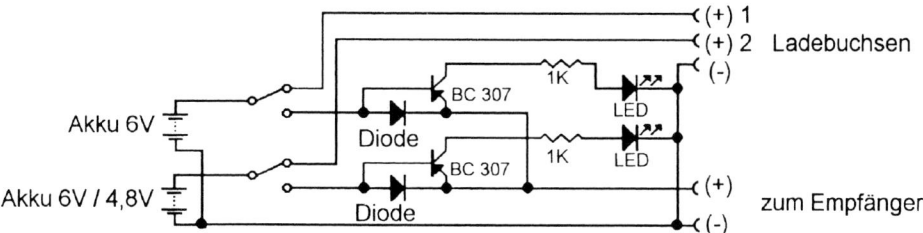

Abb. 2.6.4: Überwachte Akkuweiche

davon in Kenntnis setzt, ob tatsächlich aus beiden Akkus Strom fließt, ob sie also beide zur Stromversorgung beitragen oder nur noch einer, weil der andere defekt oder vorzeitig leer geworden ist. Zu dieser Kontrolle bieten sich jene beiden Dioden, die zur Entkoppelung verwendet wurden, geradezu an: Fließt Strom hindurch, so entsteht ein Spannungsabfall von 0,7 V in Durchlassrichtung, andernfalls nicht. Diesen Spannungsabfall kann man mit einer einfachen Schaltung mit einem Transistor und einer Leuchtdiode sichtbar machen: LED leuchtet – es fließt Strom, LED leuchtet nicht – es fließt kein Strom. Diese LEDs bringt man nun so im Modell an, dass man sie im Flug sehen kann: Erlischt eine von ihnen, so zeigt das an, dass der zugehörige Akku keinen Strom mehr liefert.

Ein defekter Akku kann so schnell erkannt werden, weil er im Vergleich zum anderen Akku seine Funktion unverhältnismäßig früh einstellt.

Diese Schaltung lässt noch eine andere Variante zu. Verwendet man einen (normal) großen Akku mit 6 V und einen kleinen Akku mit 4,8 V als Notstromversorgung, darüber hinaus eine grüne Leuchtdiode für den 6-V-Akku und eine rote für den 4,8-V-(Reserve-)Akku, so läuft die Empfangsanlage so lange ausschließlich auf dem Hauptakku, wie seine Spannung über 4,8 V liegt; fällt sie darunter, so übernimmt der Reserveakku die Stromversorgung, was durch die rote LED angezeigt wird, während die grüne erloschen ist. So bleibt ausreichend Zeit, den Flug zu beenden, selbst wenn erst nach der Landung bemerkt wird, dass man zuletzt auf dem Reserveakku geflogen ist.

Für die beiden Akkus sind in jedem Fall separate Ladebuchsen einzubauen, da NiCd-, anders als Bleiakkus, zum Laden nicht parallel geschaltet werden dürfen. Das ist zwar lästig, dürfte aber in den meisten Fällen kein echtes Problem darstellen. Ideal wäre natürlich eine Notstromversorgung, die im Ernstfall immer einsatzbereit ist, sonst aber keine Aufmerksamkeit erfordert. Tatsächlich gibt es noch eine Möglichkeit, die dem recht nahe kommt. Als normale Empfängerstromversorgung verwendet man wieder einen 4,8-V-NiCd-Akku, die Notstromversorgung erfolgt mit vier Alkali-Batterien in der Mignonzellen-Größe. Diese Zellen behalten ihre Ladung über Jahre und sind in der Lage, die erforderlichen Ströme für Empfänger, Servos und Kreisel aufzubringen. Die vier Zellen ergeben eine Spannung von 6 V, da Primärzellen eine Spannung von 1,5 V besitzen, im Gegensatz zu den NiCd-Zellen mit 1,2 V. Zwei in Serie mit den Reservebatterien geschaltete Dioden verringern die Spannung auf 4,6 V, sodass bei funktionierendem Empfängerakku kein Strom aus den Batterien entnommen wird. Erst wenn die Akkuspannung unter 4,6 V absinkt, übernehmen die Batterien die Stromversorgung, was durch eine parallel zu den Dioden geschaltete Leuchtdiode angezeigt wird.

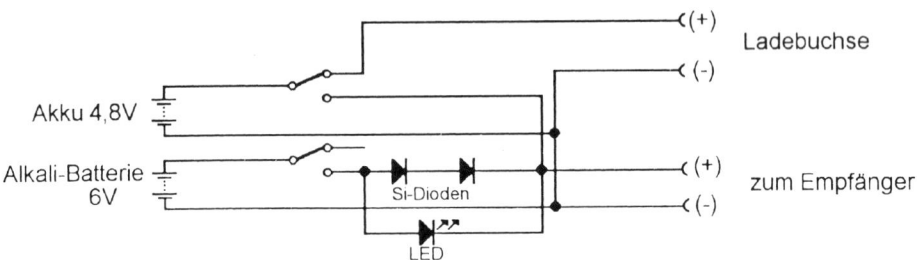

Abb. 2.6.5: Notstromversorgung

Einmal im Modell eingebaut, besteht die einzige Wartung der Notstromversorgung darin, alle paar Monate die Batteriespannung zu messen und daraufhin zu entscheiden, ob die Batterien gewechselt werden müssen, was bei intaktem Empfängerakku so schnell nicht erforderlich sein wird. Ein Nachteil dieser bestechend einfachen Lösung gegenüber der zuvor beschiebenen soll jedoch nicht verschwiegen werden: Bei einem Kurzschluss in einer Zelle des Empfängerakkus bricht die Spannung der Notstromversorgung entsprechend zusammen, sodass die Batterien nach kurzer Zeit leer sein werden, aber auch das wird immerhin durch das Aufleuchten der LED angezeigt. Außerdem ist es unwahrscheinlich, dass mehr als eine Zelle zur selben Zeit ausfällt, und mit 3,6 V laufen die meisten Empfangsanlagen noch gerade eben. Auch in diesem Fall bietet die Schaltung noch Vorteile gegenüber einer einfachen Stromversorgung.

Für welche der beschriebenen Möglichkeiten man sich entscheidet, hängt unter anderem von den Platzverhältnissen im Modell ab; es sollte jedoch deutlich geworden sein, dass man mit etwas gutem Willen eine Menge tun kann für die Steigerung der Betriebssicherheit.

IV. Einfliegen eines Hubschraubers

Das Einfliegen eines neuen oder reparierten Hubschraubers bestimmt maßgeblich die späteren Flugeigenschaften und -leistungen. Oft jedoch bestehen gerade hier über das folgerichtige Vorgehen erhebliche Unklarheiten, sodass nicht selten Modelle weit unterhalb ihrer möglichen Leistungsfähigkeiten geflogen werden oder sogar überhaupt nicht vernünftig in die Luft gebracht werden, und das nur wegen einer mangelhaften Abstimmung des Modells. Ein folgerichtiges Vorgehen ist deshalb besonders wichtig, damit man nicht eine zuvor mühsam erreichte Einstellung mit der nächsten wieder zunichte macht. Nachfolgend soll daher der Weg beschrieben werden, der reproduzierbar zu einer optimalen Einstellung des Modells führt.

Vorausgesetzt wird, dass die Grundeinstellungen von Fernsteuerung und Modell etwa so durchgeführt wurden wie zuvor beschrieben. Der Motor sollte auf der Hauptdüsennadel auf der fetten Seite der Gemischregelung eingestellt sein, mit der Leerlaufeinstellung sollte ein zuverlässiger Leerlauf einzustellen sein, bei dem die Kupplung einwandfrei trennt. Das Kreiselsystem ist eingeschaltet und auf eine mittlere Empfindlichkeit eingestellt.

1. Schwebeflug

Zunächst versucht man nun, den Hubschrauber durch Erhöhen von Pitch (und natürlich mitgenommenem Gas) abzuheben. Beginnt er dabei, um die Hochachse zu pendeln, so muss die Kreiselempfindlichkeit verringert werden, entweder vom Sender aus oder am Einstellregler des Geräts. Gelingt das Abheben, so ist nun als Erstes festzustellen, bei welcher Position des Pitchsteuerknüppels der Hubschrauber in ca. 1,5 m Höhe, also außerhalb des Bodeneffekts, in konstanter Höhe schwebt. Die Motordrehzahl sollte dabei wenigstens ungefähr der angestrebten Nenndrehzahl entsprechen. Ziel ist zunächst, den Schwebeflugpunkt des Modells bei Knüppelmittelstellung zu erreichen. Verändert wird die Pitcheinstellung in Schwebeflugposition des Pitchsteuerknüppels, entweder mittels der Schwebeflug-Pitcheinstellung oder aber, vor allem bei größeren Korrekturen, durch Verlängern oder Verkürzen der Steuergestänge. Beim HEIM-System sollten die Gestänge von der Taumelscheibe zu den Rotorblättern benutzt werden; verstellt man die Gestänge zwischen Servos und Taumelscheibe, so besteht die Gefahr, dass die Steuerwege einseitig mechanisch blockiert werden. Gleichzeitig beobachtet man den Spurlauf des Hauptrotors und beseitigt eventuell auftretende Spurlaufdifferenzen durch Verstellen der Gestänge zwischen Taumelscheibe und Rotorblättern.

2. Heckrotortrimmung

Wenn die Schwebeflugeinstellung mit der Pitchknüppel-Mittelstellung übereinstimmt, kann ein Wegdrehen um die Hochachse mit der Heckrotortrimmung korrigiert werden. Auch hier gilt: Größere Korrekturen sind wiederum über die Steuergestänge nachzujustieren.

3. Pitchmaximumeinstellung

Der Pitchmaximumwert richtet sich nach der Leistung des eingebauten Motors. Daher gibt man nun aus dem Schwebeflug heraus voll Pitch/Vollgas und lässt das Modell über eine möglichst lange Zeit senkrecht steigen. Dabei achtet man darauf, ob die Drehzahl gegenüber dem Schwebeflug zunimmt oder abfällt. Nimmt die Drehzahl ab, so ist das Pitchmaximum zu verringern, im umgekehrten Fall zu erhöhen. Man benutzt hierzu die Einstellung für Pitchmaximum im Normalflug; verfügt der verwendete Sender über keine derartige Einstellmöglichkeit, so müssen die entsprechenden Steuergestänge weiter innen oder außen an den Servohebeln eingehängt werden. Bei dieser Einstellung muss natürlich sichergestellt sein, dass der Motor seine volle Leistung im Steigflug bringt; gegebenenfalls muss jetzt die Vollgas-Düsennadel nachreguliert werden. Die Einstellung sollte so erfolgen, dass sich im Steigflug die angestrebte Nenndrehzahl des Systems ergibt.

4. Nachstellen der Schwebeflugdrehzahl

Nach der Einstellung des Pitchmaximums kann es vorkommen, dass sich jetzt die Drehzahl im Schwebeflug über die gewünschte Nenndrehzahl erhöht hat. Das muss nun durch eine Anpassung der Gaskurve ausgeglichen werden. Am Sender verwendet man hierzu die Gas-Mitteneinstellung. Verfügt der Sender nicht über diese Einrichtungen, so muss über eine mechanische Differenzierung diese Anpassung vorgenommen werden. Diese Abstimmung von Gas und Pitch ist sehr sorgfältig durchzuführen, weil hiervon die weiteren Einstellungen abhängen, bis es erreicht wird, dass sich die Drehzahl auch beim abrupten Voll-Pitch-Geben aus dem Schwebeflug heraus nur noch kaum wahrnehmbar ändert.

5. Einstellen des Pitchminimums

Um das Pitchminimum im Normalflug einzustellen fliegt man in einer Höhe von ca. 30 bis 50 m mit mittlerer Geschwindigkeit gegen den Wind und nimmt dann das Pitch voll zurück. Den folgenden Sinkflug überprüft man daraufhin, ob er steil genug ist (mindestens 45 Grad oder steiler) und justiert ihn mit der dafür vorgesehenen Einstellung am Sender.

6. Einstellen der Gasvorwahl

Wenn der Gleitwinkel für den Sinkflug richtig eingestellt ist, wird die Gasvorwahl so justiert, dass sie bei voll zurückgenommenem Pitch weder ansteigt noch abfällt. Hierzu wird die Gasvorwahleinstellung benutzt, eventuell auch die Leerlauftrimmung, wenn der Sender keine Gasvorwahl besitzt. An dieser Stelle wird spätestens deutlich, ob die Gasvorwahlelektronik richtig arbeitet; bei dieser Einstellung darf sich nämlich die zuvor justierte Schwebeflugeinstellung nicht verändern. Geschieht das dennoch, so bleibt nichts anderes übrig, als Schwebeflug-Gaseinstellung und -Gasvorwahl abwechselnd nachzujustieren, so lange, bis nun im gesamten Pitchbereich die Drehzahl im Flug konstant bleibt.

7. Nachstellen der Heckrotortrimmung

Nun kann die Heckrotortrimmung für den Schwebeflug endgültig justiert werden. Hierzu schaltet man den Kreisel aus und trimmt mithilfe der Heckrotortrimmung das Modell im Schwebeflug so aus, dass es nach keiner Seite wegdreht.

8. Einstellen des statischen Drehmomentausgleichs

Bei weiterhin abgeschaltetem Kreisel gibt man nun aus dem Schwebeflug heraus voll Pitch und lässt das Modell steigen. Dabei beobachtet man eventuell ein Wegdrehen um die Hochachse und merkt sich genau die Richtung, nach der das Modell wegdreht. Dreht sich der Rumpf entgegen der Drehrichtung des Hauptrotors, so ist der Drehmomentausgleich zu schwach, andernfalls ist er zu stark. Man justiert nun den entsprechenden Einstellregler am Sender so, dass das Modell völlig senkrecht steigt, ohne nach irgendeiner Seite wegzudrehen.

Besitzt der Sender separate Einstellmöglichkeiten für den Drehmomentausgleich nach oben und nach unten, so muss nun noch der Ausgleich für den Sinkflug eingestellt werden; andernfalls ist die Einstellung anhand des Steigflugs ausreichend. Für die Sinkflugeinstellung lässt man das Modell aus dem Schwebeflug in größerer Höhe senkrecht sinken, indem Pitch voll herausgenommen wird. Auch hier wird ein Wegdrehen des Rumpfes durch entsprechende Einstellung ausgeglichen.

9. Kreiseleinstellung

Nach Abschluss dieser Einstellungen kann der Kreisel wieder eingeschaltet werden, dessen Empfindlichkeit man so einstellt, dass das Modell bei Windstille gerade eben nicht um die Hochachse zu pendeln beginnt. Ist die Empfindlichkeit vom Sender her stufenlos zu beeinflussen, so stellt man zunächst den entsprechenden Schieberegler in die Maximumstellung und dann die Empfindlichkeit am Modell wie oben beschrieben ein. Das ermöglicht es, im schnellen Vorwärtsflug und bei stärkerem Wind die Kreiselempfindlichkeit feinfühlig zu reduzieren.

Wenn man bis hierher gekommen ist, hat man die Grundeinstellung des Modells erfolgreich abgeschlossen. Die weiteren Einstellungen setzen selbstverständlich voraus, dass die verwendete Fernsteuerung entsprechend ausgerüstet ist.

10. Mixer Heckrotor → Gas

Um den erhöhten Leistungsbedarf bei vergrößertem Heckrotorausschlag kompensieren zu können, fliegt man nun mit dem Modell mehrere schnelle Nasen- oder Schwanzkreise, und zwar in die Richtung, in die der Heckrotor das Heck normalerweise drückt oder zieht, also mit verstärktem Heckrotorschub. Konkret heißt das: Bei rechtsdrehendem Hauptrotor werden Nasenkreise rechts- und Schwanzkreise linksherum geflogen, bei linksdrehenden Systemen ist es umgekehrt. Wichtig ist, dass man diese Kreise so schnell fliegt, dass der Heckrotor fast auf Vollausschlag festzuhalten ist, damit der Rumpf nicht wegdreht. Man stellt nun den Mixer Heck → Gas so ein, dass die Systemdrehzahl bei dieser Übung nicht mehr abnimmt.

11. Mixer Taumelscheibe → Gas

Die Einstellung dieses Mixers hängt weitgehend vom vorgesehenen Einsatzzweck des Hubschraubers ab. Beim normalen großräumig geflogenen Kunstflug wird man in erster Linie Wert auf eine konstante Drehzahl in den Figuren legen, besonders bei der Rolle, und den Mischer dann eben nur genau so weit aufdrehen, dass bei einer exakt geflogenen Rolle die Drehzahl nicht mehr abnimmt. Für rasante Schauflugvorführungen, besonders auf engem Raum, sowie für bestimmte Wettbewerbsübungen, wie beispielsweise das „Pylonrennen" beim Schlüter-Cup, kann es vorteilhaft sein, diesen Mixer wesentlich weiter aufzudrehen, als es für eine Kompensation des erhöhten Leistungsbedarfs erforderlich wäre. Man erreicht dadurch eine normale Drehzahl im Schwebeflug, die bei Einsatz der zyklischen Steuerung dann entsprechend ansteigt.

12. Pitchminimum für Autorotation

Besitzt die Fernsteuerung eine alternative Pitchminimum-Einstellmöglichkeit, so kann diese nun eingestellt werden. Hier richtet sich die Einstellung grundsätzlich erst einmal nach den Gewohnheiten des Piloten. Viele fliegen den Autorotationsanflug mit dem Pitchsteuerknüppel am unteren Anschlag und trimmen nun mit der Pitchminimumeinstellung das Modell auf einen optimalen Gleitwinkel aus. Das kann unter Umständen jedoch gefährlich sein, stehen doch keinerlei Reserven mehr für die Pitchverringerung zur Verfügung, falls man den Anflug steiler gestalten muss oder wenn das Modell infolge Turbulenzen die Nase hochgenommen hat. Lässt sich der Pilot in diesem Fall nämlich dazu verleiten, zum Nachdrücken die Nicksteuerung nach vorn zu drücken, kann das zum Strömungsabriss und zum Zusammenbrechen der Drehzahl führen, weil das Nachdrücken hier, anders als bei Flächenmodellen, nicht generell zu einer Anstellwinkelverkleinerung führt, sondern, im Gegenteil, zu einer zyklischen Anstellwinkelvergrößerung in der hinteren Rotorhälfte über den Abreißpunkt hinaus. Richtig ist in diesem Flugzustand ein weiteres Verringern der kollektiven Blattverstellung unter den Bereich des optimalen Gleitwinkels; erst dabei darf man dann auch vorsichtig die Nicksteuerung betätigen. Gleichermaßen ist vorzugehen, wenn man merkt, dass das Modell in der Autorotation über den angestrebten Landepunkt hinausfliegen wird. Um den Anflug steiler zu machen, wird das Pitch verringert und gleichzeitig die Nicksteuerung nach hinten genommen. Umgekehrt kann man den Anflug etwas strecken, indem das Pitch erhöht und gleichzeitig geringfügig die Nicksteuerung nachgedrückt wird. Um also zu diesen Korrekturen des Anflugs in der Lage zu sein, darf man für den normalen Anflug den Pitchsteuerknüppel eben noch nicht am Anschlag haben, sondern etwa in der Mitte des negativen Bereichs. Auf diesen Punkt hin wird nun mit der Pitchminimumeinstellung für Autorotation ein Blattanstellwinkel eingestellt, bei dem das Modell mit der geringstmöglichen Sinkgeschwindigkeit herunterkommt.

V. Das HEIM-System

Innerhalb seiner mehr als 15-jährigen Entwicklungsgeschichte ist aus dem Ex-
pertenmodell STAR RANGER, das zunächst nur Insidern zugänglich war, nicht
zuletzt seit der Übernahme des Vertriebs durch die Firma Graupner, eine Modell-
hubschrauberfamilie entstanden, die nunmehr die unterschiedlichsten Anforderungen an einen Modellhubschrauber abdeckt.

Ein Vorteil einer derartigen Systemfamilie ist die weitgehende Überschneidung
des Ersatzteilbestandes der unterschiedlichen Modelle, die eine gesicherte
Versorgung des Helifliegers mit eben diesen Ersatzteilen sicherstellt, weil es für
den Fachhandel vor Ort ungleich interessanter (wirtschaftlicher) ist, ein Ersatzteil-
sortiment vorrätig zu halten, das in seinen wesentlichen Komponenten mehrere
Modelle abdeckt, als für jeden einzelnen Hubschrauber separate Teile. Außerdem
ist es dadurch möglich, dass das Graupner/HEIM-System zu einem vergleichs-
weise günstigen Preis angeboten wird.

Von Anfang an haben die Modelle des HEIM-Systems, auch im internationalen
Vergleich, stets leistungsmäßig zur Spitzengruppe gehört, und so ist es nicht verwunderlich, dass die einzelnen Mechaniktypen weitgehend unverändert blieben,
ohne hektische Nachbesserungen auf der Suche nach mehr Leistung und ohne
Veränderungen um der Veränderungen selbst willen. Zwar sind auch durchaus
sinnvolle Änderungen am System oft nur zögernd vorgenommen worden, dafür
sind den HEIM-Piloten aber auch die anderweitig beobachteten Rückschläge
durch allzu vorschnelles Eingehen auf jedwede Modeerscheinung und jede
abenteuerliche Theorie weitgehend erspart geblieben: Das HEIM-System hat im
Laufe der Zeit seine Reife erlangt, durch manchmal banal wirkende, kleine Verbesserungen, stets geprägt durch Ewald Heims Vorstellung, ein Maximum an
Leistung mit einem absoluten Minimum an Aufwand zu erreichen. Die Bearbei-
tung im Hause Graupner hat daraus ein auch für den „Normalverbraucher" ge-
eignetes Hubschraubersystem gemacht, dessen Modelle heute so, wie sie aus
den Bausätzen erstellt werden, geflogen werden können, ohne dass es irgend-
welcher Zurüst- oder „Aufwertungsteile" aus anderen Quellen bedürfte, und das
nicht nur für den Wochenendflugbetrieb, sondern uneingeschränkt auch für den
Wettbewerbseinsatz.

1. Übersicht

Das HEIM-Hubschraubersystem besteht aus insgesamt vier Mechanik-
Grundtypen, die jeweils wiederum in unterschiedlichen Varianten auftreten:

1. Die „klassische" HEIM-Mechanik („EXPERT-Mechanik" bzw. „PROFI-
   TUNING-Mechanik") zum Einbau in geschlossene Rümpfe für Zweitaktmotoren von 10 bis 12 cm^3 Hubraum

2. Die VOLLMECHANIK, inzwischen umbenannt in „UNI-Mechanik 40", eine freitragende Mechanik für den Einsatz als offener Trainer *(H-Trainer)* oder in

Zwei Modelle des Heim-Systems
Oben: Star Ranger, „Urvater" aller Modelle mit Heim-Mechanik
Unten: Mega-Star, das schnellste und wendigste Modell des Programms

spantenlosen Vollrümpfen, ausrüstbar mit 5- bis 8,5-cm³-Zweitaktmotor oder als Elektrovariante *Trainer E.*

3. Die UNI-EXPERT-Mechanik sowie die daraus weiterentwickelte „Profi"-Ausführung UNI-Mechanik 2000 als freitragende Mechanik für den Einsatz als offener Trainer (UNI-Star) oder in spantenlosen Vollrümpfen, ausrüstbar mit 10-cm³-Zweitakt-, 15-cm³-Viertakt- oder Elektromotor.

4. Der AERO STAR als offener Kleinhubschrauber für Zweitaktmotoren von 6,5 bis 8,5 cm³ Hubraum.

1.1 Konstruktive Auslegungen

1.1.1 Die „klassische" HEIM-Mechanik

Dieser „Urvater" aller HEIM-Mechaniken wurde in seiner Geschichte auf unterschiedlichen Wegen und unter einer Vielzahl von Bezeichnungen vertrieben, nachfolgend wird dieser Mechaniktyp einfach als „HEIM-Mechanik" bezeichnet.

Betrachtet man rückblickend die Entwicklung der Modellhubschrauber, so ist zu erkennen, dass bestimmte Konstruktionen diese Entwicklung nachhaltig beeinflusst haben, also gleichsam als Meilensteine betrachtet werden können. Waren die Hubschrauber der ersten Generation noch durchweg so aufgebaut, dass ein GfK-Rumpf gleichzeitig tragendes Konstruktionselement der Mechanik war, so lenkte die Konstruktion von Schlüters HELI-BABY und später die BELL 222 die Entwicklung in die Richtung des selbsttragenden Metallchassis, das einerseits mit einer Minimalverkleidung der Fernsteuerung als Trainer verwendet werden kann, andererseits mit „darübergestülptem", nicht tragendem Rumpf auch den optischen Ansprüchen der Hubschrauberbetreiber entgegenkommen soll. Nachteilig bei derartigen Modellen ist jedoch, dass nach Montage des Rumpfes meist die bis dahin recht ordentlichen Flugleistungen deutlich verschlechtert wurden, sodass man diese Modelle dann schließlich doch lieber wieder ohne Rumpf flog. Der Grund dafür liegt im schlechten Wirkungsgrad der meist einstufigen Getriebe und in Problemen mit der Motorkühlung, die oft nicht für den Betrieb in geschlossenen Rümpfen ausgelegt ist. So sinnvoll der Ganzmetallhubschrauber auch für den Anfänger- und Trainingsbetrieb sein mag, seine Grenzen im Bezug auf Leistungssteigerungen und den Betrieb mit Rumpfverkleidung findet er eben in seinem einfachen Getriebeaufbau und dem daraus resultierenden geringeren Wirkungsgrad, sowie in seiner Eigenart, keinerlei Vibrationen abbauen zu können, sondern sie ungedämpft an alle übrigen Komponenten des Hubschraubers weiterzugeben.

Ein weiterer Meilenstein in der Hubschrauberentwicklung war daher der STAR RANGER von Ewald Heim, in dem ein neues Konzept in der Verbindung zwischen Hubschraubermechanik und -zelle verwirklicht wurde. Erstmals fand man hier ein Modell vor, bei dem die Mechanik zwar eine kompakte, in sich stabile Einheit ist, die aber dennoch erst durch den völlig geschlossenen Rumpf funktionsfähig wird. Das Kühlsystem für den Motor arbeitet umso besser, je

„Profi-Tuning"-Mechanik zum Einbau in geschlossene Rümpfe

luftdichter der Rumpf gestaltet wird; das Gebläse schafft eine gewaltige Luftdurchströmung des Rumpfes in Richtung der Durchströmung des Hauptrotors, und die Kühlfläche des Motors wird durch einen aufgesetzten Extremkühlkopf vergrößert, der außerdem noch die Hälfte der Mechanikaufhängung im Rumpf darstellt. Die weitestgehende Verwendung von hochfestem Kunststoff an Stelle von Aluminium resultiert in einer verhältnismäßig geringen Vibrationsbelastung der Fernsteuerung, da ein großer Teil der auftretenden Vibrationen absorbiert wird. Da außerdem von vornherein ein Betrieb mit im Rumpf liegendem Resonanzschalldämpfer vorgesehen ist und das mehrstufige Getriebe einen sehr hohen Wirkungsgrad besitzt, kann auch ein Motor der oberen Leistungsklasse hier unter fast optimalen Bedingungen seine volle Leistung entfalten, was den STAR RANGER zu dem bekannten Wettbewerbsmodell werden ließ, mit dem Ewald Heim seine internationale Spitzenstellung unter den Wettbewerbsfliegern begründet hat.

Da die Mechanik sehr kompakt ist, bietet sie sich für den Einbau in vorbildgetreue Hubschraubermodelle geradezu an, wozu auch die Tatsache beiträgt, dass sie am besten in völlig geschlossenen Rümpfen arbeitet, sodass man keine hässlichen Löcher in sein vorbildähnliches Modell schneiden muss, damit der Motor ausreichend gekühlt wird. Daher ist es nicht verwunderlich, dass bald namhafte Modellbaufirmen Modelle mit dieser Mechanik auf den Markt gebracht haben und auch kleinere Hersteller Rümpfe für das HEIM-System anbieten.

Inzwischen gibt es die meisten bekannten Hubschraubertypen als Modell für die HEIM-Mechanik, angefangen vom JET RANGER über BO 105, BELL 222, ECU-REUIL, BK 117, HUGHES 500, LOCKHEED 286, ALOUETTE II bis hin zu Typen, die beim Erscheinen des Modells im Original gerade als Prototypen fertig gestellt worden sind, beispielsweise die BELL TWIN 400.

1.1.2 Die VOLLMECHANIK (UNI-Mechanik 40)

Nur zögernd hat sich, im Gegensatz zum Ausland, die Klasse der Modelle mit 5- bis 8-cm³-Motoren als vollwertige Alternative zu den „großen" Modellen in Deutschland durchgesetzt. Die Gründe dafür liegen wohl vor allem darin begründet, dass die überwiegende Anzahl der Modellhubschrauberflieger sich hier einen Hubschrauber grundsätzlich mit Vollrumpf vorstellt und offene Trainer zwar als zweckmäßig akzeptiert und auch fliegt, jedoch immer mit der Möglichkeit im Hinterkopf, das Modell früher oder später mit einem mehr oder weniger vorbildähnlichen Rumpf ausrüsten zu können. Bei den zunächst angebotenen Kleinhubschraubern allerdings gab es entweder überhaupt keine Rumpfverkleidungen oder aber, wenn sie doch angeboten wurden, verschlechterten sich die Flugleistungen des Modells so stark, dass dann beim Fliegen keine rechte Freude mehr aufkommen wollte.

Kleinhubschrauber können jedoch vor allem für den Anfänger interessant sein, der bekanntlich seine Flugausrüstung nicht nach und nach erwerben kann, sondern alles auf einmal kaufen muss, um überhaupt mit dem Fliegen beginnen zu können. Hier kann der Unterschied im finanziellen Aufwand zu einem

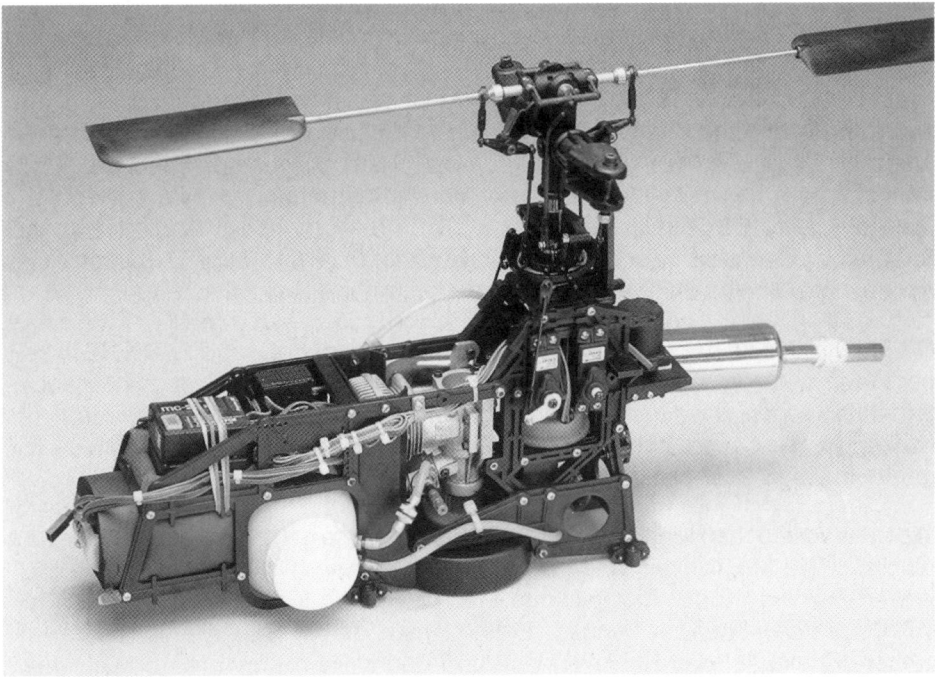

Uni-Mechanik 40

„großen" Modell der 60er-Klasse erheblich sein, und es ist sicher sinnvoll, zunächst die zur Verfügung stehenden Mittel in eine bessere Fernsteuerung zu investieren als in ein größeres Modell. Bei dieser Überlegung muss berücksichtigt werden, dass der Preisunterschied der Gesamtsysteme nicht nur durch das meist preiswertere Modell selbst und den billigeren Motor entsteht, sondern vor allem dadurch, dass man wegen der geringeren Vibrationsbelastung durch den kleineren Motor mit gutem Gewissen Servos der oberen Mittelklasse einsetzen kann im Gegensatz zur 60er-Klasse, wo es bei den Servos wirklich die Spitzenklasse der jeweils erhältlichen Typenreihe sein sollte, und das kann allein schon einen Unterschied von mehr als € 200,– ausmachen.

Wenn also ein Kleinhubschrauber ausreichende Leistungsreserven hat, um einerseits das für das Anfangstraining erforderliche große Ringlandegestell zu tragen, andererseits die Möglichkeit bietet, später vorbildähnliche Rümpfe verwenden zu können, ohne dass die Flugleistungen damit schlechter werden und sich in seinem Flugverhalten nicht allzu weit von dem der großen Modelle entfernt, kann er ein ideales Einstiegsmodell sein.

Derartige Überlegungen sind der Hintergund gewesen, als die „Vollmechanik" entwickelt wurde, die nun „UNI-Mechanik 40" heißt.

Es handelt sich hierbei um die „klassische" HEIM-Mechanik, die durch weitere Chassisteile ergänzt und, mit einem Radialgebläse für die Motorkühlung versehen, in eine freitragende Mechanik für den Einsatz von Motoren um 8 cm^3 Hubraum verwandelt wurde. An Stelle der Schnellkupplung für den Heckrotorantrieb besitzt die UNI-Mechanik 40 ein Kardangelenk, und der Hauptrotorkopf wird mit den kürzeren Blatthaltern bestückt geliefert, die auch bei den Mehrblattrotoren für die großen Modelle verwendet werden. Sonst entspricht die Getriebeeinheit exakt der klassischen HEIM-Mechanik und ist damit für ein Modell dieser Größe ausgesprochen kräftig dimensioniert. Zum vollständigen Kleinhubschrauber ergänzt wird die UNI-Mechanik 40 entweder durch den entsprechenden Zubehörsatz zum offenen H-TRAINER oder durch Rumpfbausätze wie MINI-STAR-RANGER, MINI-ECUREUIL und MEGA-STAR 40, wobei diese Rümpfe keinerlei Spanten besitzen; sie werden mit der Mechanik über 6 Punkte verbunden, von denen 4 gleichzeitig die Befestigungsschrauben für das Kufenlandegestell sind.

Die Flugleistungen der Modelle mit Rumpf stehen denen des H-TRAINERS in keiner Weise nach; im Kunstflug ergeben sich sogar Vorteile. Das mag unter anderem daran liegen, dass auch im Vollrumpf eine einwandfreie Kühlluftführung vorhanden ist, bei der die Zuluft direkt von außen angesaugt wird und die Abluft auf geradem Wege über dem Motor wieder nach außen abfließt.

Was die Vollmechanik darüber hinaus für den Einsteiger besonders interessant macht ist die Möglichkeit, nach dem Anfangstraining mit einem offenen, preiswerten Trainingsmodell die gesamte Mechanik auch für ein großes Modell mit Vollrumpf verwenden zu können: Entfernt man die Chassisteile für den Fernsteuerungseinbau, das Radialgebläse und den kleinen Motor, so braucht man lediglich die Motorträger gedreht anzuschrauben, um einen Motor der 10-cm^3-

Klasse montieren zu können. Zusätzlich beschafft werden muss noch der passende Extremkühlkopf für den Motor, ein Lüfterflügel und eine Schnellkupplung für den Heckrotor an Stelle des Kardangelenks, und man besitzt jetzt die klassische HEIM-Mechanik für den Einbau in geschlossene Rümpfe, also beispielsweise STAR RANGER, BELL 222, AGUSTA 109 oder BO105. Damit stellt die UNI-Mechanik 40 für den Einsteiger die optimale Lösung dar, sowohl von den Flugeigenschaften als auch in Bezug auf die möglichen Erweiterungen bei steigenden Ansprüchen.

1.1.3 Die UNI-EXPERT-Mechanik

Die UNI-EXPERT-Mechanik eignet sich für den Einsatz in offenen Trainermodellen und lässt sich kurz folgendermaßen beschreiben: Selbsttragendes, mehrteiliges Kunststoffchassis, das den Einbau von 10-cm³-Zweitaktmotoren vor allem mit Heck-, aber auch mit Seitenauslass ermöglicht, ebenso von Viertaktmotoren, Radialgebläse mit Anlassmöglichkeit von oben, normaler HEIM-Heckrotor, bei dem allerdings gegenüber den anderen Mechaniken intern die Drehrichtung umgekehrt wird, weil die von der Hauptmechanik kommende Antriebswelle bei der UNI-EXPERT-Mechanik entgegengesetzt läuft. Die weitgehende Kompatibilität der Einzelteile mit dem bestehenden HEIM-System vereinfacht die Ersatzteilhaltung für Anwender und Händler und hat die Verbreitung dieses Modells positiv unterstützt.

Dabei war dieser Mechanik der Erfolg anfangs wirklich nicht „in die Wiege gelegt worden", ist sie doch ursprünglich unter der Bezeichnung „Pro-Mechanik", ohne den später hinzugekommenen Chassisunterbau, bei robbe als Einbaumechanik gedacht gewesen für die Rümpfe ECUREUIL, LONG RANGER und SIKORSKY S76, was konzeptionell nicht überzeugen konnte. Auch die etwas halbherzige Wandlung zum PROKOPTER als offener Trainer konnte die nur geringe Beliebtheit der Pro-Mechanik nicht steigern. Schließlich hat Ewald Heim die Konstruktion von robbe zurückerworben, wesentlich überarbeitet und durch einen Chassisunterbau zu einer freitragenden Mechanik ergänzt. Mit einem Rohr-Heckausleger und einer Trainerkabine versehen hieß das Modell bei ihm dann zunächst ACRO STAR, bis es von Graupner übernommen und als Komponentensystem um die UNI-EXPERT-Mechanik herum angeboten wurde.

Wer einen großen Trainingshubschrauber mit 10-cm³-Motor in offener, selbsttragender Bauweise sucht, bekommt genau dieses in Form des UNI-STAR 60, bei dem die freitragende Mechanik unter einer schnell abnehmbaren Trainer-Kabinenhaube verborgen und mit dem üblichen Heckrohr aus Aluminium ergänzt wird. Dennoch braucht man bei dieser Mechanik nicht auf einen Vollrumpf zu verzichten, denn entsprechende Rumpfbausätze gibt es sowohl für die Anhänger vorbildähnlicher Modelle (JET RANGER) als auch für den anspruchsvollen Wettbewerbs- und Schauflugpiloten ohne Anspruch auf Vorbildähnlichkeit. Die weitgehende Vorfertigung der Rümpfe des SLIMLINE 60 und vor allem des MEGA-STAR mit bereits fertig ausgeschnittenen Fenstern, zugeschnittenen Verglasungen sowie die konstruktive Auslegung ohne zusätzliche Spanten bewirkt, dass die Ausrüstung der UNI-EXPERT-Mechanik mit einem dieser Rümpfe einen nur

Die beiden Varianten der Uni-Mechanik:
oben die „Profi-Ausführung" „Uni-Mechanik 2000",
unten die „Standard"-Version „Uni-Expert-Mechanik"

unwesentlich höheren Bauaufwand erfordert als der Aufbau als offener Trainer UNI-STAR, und so ist es nicht verwunderlich, dass sich diese Modelle sowohl im Alltagseinsatz als auch für das Wettbewerbsfliegen bereits kurz nach Erscheinen auf breiter Basis durchgesetzt haben.

Allerdings hat Ewald Heims Maxime, den gewünschten Erfolg stets mit dem absoluten Minimum an Aufwand zu erreichen, nicht immer Beifall gefunden, ist es doch ein sehr schmaler Grat zwischen „genial einfach" und „einfach primitiv". Da er jedoch, auch wenn die Modelle über Graupner vertrieben wurden, zunächst immer noch Hersteller und verantwortlicher Konstrukteur war, verhallten sowohl kritische Anmerkungen als auch Verbesserungsvorschläge meist ungehört.

Diese Situation hat sich im Jahre 1996 grundlegend geändert, als er seine gesamte Firma an Graupner verkaufte, sodass die Herstellung und Weiterentwicklung nun im Hause Graupner selbst betrieben werden.

Erste Ergebnisse dieser Weiterentwicklungen waren die zur Messe 1997 vorgestellte UNI-Mechanik 2000 sowie der darauf basierende ULTRA-STAR 2000, ein Wettbewerbshubschrauber in hochwertiger offener Bauweise, mit GfK-Kabine und -Leitwerken, Starrantrieb des Heckrotors, GfK-Gestängen usw. Die UNI-Mechanik 2000 stellt dabei eine vollständige Überarbeitung der UNI-EXPERT-Mechanik dar, bleibt aber dennoch voll kompatibel dazu, sodass alle Rümpfe auch mit der neuen Mechanik eingesetzt werden können.

1.1.4 Der Aero Star

Die Entwicklung des AERO STAR liegt zeitlich in den frühen 80er-Jahren, folgte also direkt auf die klassische HEIM-Mechanik und war der erste Versuch von Ewald Heim, neben seiner Expertenmechanik einen Kleinhubschrauber in freitragender, offener Bauweise für Motoren um 6,5 cm^3 Hubraum zu schaffen. Dieses Modell, das zunächst unter der Bezeichnung LE CLOU bei robbe erschien, stand von Anfang an eigentlich unter keinem besonders günstigen Stern: Da der Erscheinungstermin mit der Übernahme der Fa. Schlüter durch die Grebenhainer zusammenfiel, wurde das Modell durch die Konkurrenz im eigenen Hause (JUNIOR 50) nicht einmal ungewollt benachteiligt und sowohl von der technischen Unterstützung her als auch mit einer entsprechenden preislichen Einordnung für die damals neuen Modelle der Schlüter-Linie „unschädlich" gemacht.

Dabei hätte das kleine Modell damals eigentlich gar keine schlechten Chancen gehabt, ein wirklicher Renner zu werden: Für Haupt- und Heckrotor werden die normalen Komponenten des HEIM-Systems verwendet, lediglich das Hauptchassis ist ein eigenständiges Teil, verwendet aber im Getriebe hauptsächlich Teile des normalen HEIM-Systems.

So waren es denn Kleinigkeiten (neben einem zu hohen Preis), die den Erfolg des Modells verhinderten: Der AERO STAR besitzt eine symmetrische Dreipunktansteuerung, die allerdings um 180° gedreht ist, sodass ein Nickservo vorn sitzt; die seinerzeit lieferbaren Fernsteuerungen hatten jedoch, bis auf eine

Ausnahme in der obersten Preisklasse, keinen Mixer für diese Ansteuerungsart. Darüber hinaus war die Motorkühlung unzureichend, was zu ständigen Überhitzungsproblemem führte. Eine (zu) späte Überarbeitung des Gebläses und weiterer Kleinigkeiten führten dann zum CLOU II, der jedoch kaum Beachtung fand, bis Ewald Heim ihn zusammen mit seinen anderen Konstruktionen von robbe zurückerwarb und fortan, mit neuer Kabinenhaube und weiteren Modifikationen, unter der Bezeichnung AERO STAR führte. Gegenüber der inzwischen erschienenen, in alle Richtungen erweiterbaren UNI-Mechanik 40 in der gleichen Modellklasse hatte der AERO STAR allerdings höchstens unter preislichen Gesichtspunkten eine Chance.

1.2 Antrieb

1.2.1 Klassische HEIM-Mechanik

Die HEIM-Mechanik ist ausgelegt für den Antrieb durch einen 10-cm³-Motor moderner Bauart mit Schnürlespülung. Vorgesehen ist ferner der Betrieb mit Resonanzschalldämpfer, wobei der Motor jedoch normalerweise nicht in Resonanz betrieben wird. Leider ist es nicht möglich, allgemein gültige Rezepte und Patentlösungen für Auswahl, Einbau und Abstimmung der am Antrieb beteiligten Komponenten zu geben, weil hier zu viele verschiedene Faktoren das Ergebnis mit beeinflussen; die nachfolgenden Überlegungen sollen jedoch dabei helfen, im jeweiligen speziellen Fall ein zufrieden stellendes Ergebnis zu erzielen.

Bei Hubschrauberwettbewerben werden überwiegend Modelle mit Heim-Mechanik eingesetzt, z.B. Star Ranger oder Lockheed 286

Heim/Graupner AGUSTA 190 MK II „Widebody"
Das vorbildgetreue Modell besitzt ein sehr aufwändiges Einziehfahrwerk

Der MULTIBLADE-Vierblattrotor vervollständigt den vorbildgetreuen Eindruck des Modells

1.2.1.1 Motor

Bei der Auswahl des Motors stellt sich hauptsächlich zunächst die Frage, ob man einen Motor mit Kolbenring oder mit ABC-Laufgarnitur verwenden soll. In der Praxis findet man beide Bauarten etwa gleich stark vertreten. Für den Kolben-ringmotor spricht der niedrigere Preis, eine theoretisch längere Lebensdauer und die Möglichkeit, diese Motoren auch mit schwächeren Elektrostartern in Gang zu bringen, was bei der durchweg hohen Kompression der ABC-Motoren nicht möglich wäre. Nachteil eines Ringmotors ist ein deutlicherer Leistungsabfall oberhalb seiner Nenndrehzahl. Vorteile der ABC-Motoren sind höhere Leistung bei hohen Drehzahlen, weicherer, runderer Lauf und eine bessere Wärmeablei-tung von der Laufgarnitur. Als Nachteile stehen dem gegenüber der höhere Preis und die Notwendigkeit einer sehr sorgfältigen Behandlung, was vor allem ein ge-wissenhaftes Einlaufen beinhaltet.

1.2.1.2 Vergaser

Bei der Auswahl des Vergasers wird man sich sicher zunächst daran orientieren, welcher Vergaser vom Motorhersteller mitgeliefert wird. Es ist jedoch zu berück-sichtigen, dass für den Hubschrauberbetrieb ein Vergaser benötigt wird, der vor allem im Teillastbereich eine optimale und reproduzierbare Gemischregelung sicherstellt, wobei es weniger auf die absolute Spitzenleistung bei Vollgas ankommt. Die hubschrauberspezifischen Beanspruchungen erfordern es außer-dem, dass der Vergaser vibrationsfester ist, als er für den Betrieb im normalen Flugmodell sein muss. So gibt es eine nicht geringe Anzahl von normalerweise sehr guten Vergasern, die jedoch nach kurzer Zeit im Hubschrauber so ausge-schlagen und undicht sind, dass keine vernünftige Einstellung mehr möglich ist. Ebenso ist zu beachten, dass der Vergaser für den Betrieb mit Drucktank geeig-net ist, denn die Tankanordnung in den für die HEIM-Mechanik vorgesehenen Modellen lässt einen Saugbetrieb nicht zu. Hat man sich dann für einen bestimm-ten Vergaser-Typ entschieden, so kann es gelegentlich angeraten sein, diesen Vergaser noch für den vorgesehenen Einsatzzweck zu optimieren. So sollte man beispielsweise beim WEBRA-Dynamix-Vergaser, der sehr häufig in HEIM-Hubschraubern eingesetzt wird, einige geringfügige Änderungen vornehmen, um die Betriebssicherheit zu erhöhen. Der Kraftstoffstutzen ist aus unerfindlichen Gründen seit einigen Jahren nicht mehr in den Hauptdüsenstock eingelötet, son-dern geklebt. Das hat zur Folge, dass er sich nach einiger Zeit löst und die Kraftstoffzufuhr – natürlich im ungeeignetsten Moment – unterbrochen wird. Außerdem ist diese Verklebung meist nicht sehr sauber ausgeführt, sodass manchmal überschüssiger Klebstoff den Kraftstoffeinlass behindert. Auch ist es gelegentlich vorgekommen, dass sich Klebstoffkrusten gelöst und den Düsen-stock verstopft haben. Man sollte daher von vornherein diese Verbindung verlö-ten, was mit säurehaltigem Weichlot kein Problem ist, und danach die Kraft-stoffzufuhröffnung mit einem 2-mm-Spiralbohrer vorsichtig freibohren. Ebenfalls sollte man sich vergewissern, dass der Gemischregelschlitz in der Kraftstoffre-gelung einwandfrei entgratet ist. Der Vergaserschieber wird durch einen Haken aus Federstahl betätigt, der oben durch eine Messing-Unterlegscheibe geführt ist. Diese Unterlegscheibe verschleißt nach kurzer Zeit und neigt dann dazu, sich zu verkanten und den Vergaser zu blockieren. Man sollte sie daher plan auf dem Vergasergehäuse aufliegend mit dem Haken verlöten. Da der Dynamix-Vergaser eine recht degressive Regelcharakteristik hat, kann man den Ansteuerhebel von Anfang an so stellen, dass er bei Leerlauf zum ankommenden Gestänge einen Winkel von 90° bildet, um die degressive Wirkung etwas zu verringern (Näheres in Kapitel III, Abschnitt 2.4.3 Nichtlineare Anlenkungen). Ein weiterer Schwachpunkt dieses Vergasers ist die Teillasteinstellung mit einer Rändelschraube, die auf einer Gewindestange am Schieber verstellt werden kann. Das M2,6-Gewinde ist nämlich teilweise so schlecht, dass es schon nach verhältnismäßig kurzer Zeit durch die Vibrationen zerstört und die Rändelschraube durch die dahinter sitzende Feder nach außen gedrückt wird, wodurch die Motoreinstellung im Teillastbereich immer magerer wird. Meist erkennt man die wahre Ursache für das Abmagern nicht gleich und dreht – wirkungslos – an der Teillastregulierung, verstellt so die eigentlich korrekte Vollgaseinstellung, bis der Motor irgendwann überhaupt nicht mehr anspringen will. Dem ist vorzubeugen, indem man schon von Anfang an eine zweite Rändelmutter locker gegen die erste dreht und beide miteinander verlötet. Bei der Gelegenheit kann auch gleich ein etwa 2 cm langes

Geringfügige Modifikationen am Webra-Dynamix-Vergaser tragen der erhöhten Vibrationsbelastung im Hubschrauber gegenüber dem Flächenmodell Rechnung und steigern die Zuverlässigkeit. Für die Teillasteinstellung wurden zwei Rändelmuttern miteinander verlötet, um ein längeres Gewinde zu erhalten. Für die Einstellung von außen mittels Schraubendreher wurde ein Stück Messingrohr aufgelötet, das am Ende flach gedrückt wurde. Die Unterlegscheibe unter dem Betätigungshaken des Schiebers wurde mit diesem verlötet

Messingrohr auf die äußere Rändelmutter aufgelötet werden, das man am äußeren Ende schlitzt, damit die Teillasteinstellung später von außen mit einem langen Schraubendreher durchzuführen ist. Derart vorbereitet, eignet sich der Dynamix-Vergaser hervorragend für den Hubschraubereinsatz.

Die beschriebenen Veränderungen sollen hier nur als Beispiel dienen, worauf man bei einem Vergaser für den Einsatz im Hubschrauber achten muss, obgleich dieser Vergaser ohne die Änderungen im Normalmodell offensichtlich problemlos arbeitet. Bei anderen Vergasern können daher andere Modifikationen erforderlich werden, doch lassen sich die meisten Vergaser so anpassen, dass sie ihre Funktion zuverlässig erfüllen, soweit sie grundsätzlich für den vorgesehenen Betrieb mit Drucktank geeignet sind. Gelegentlich wird auch statt des Drucktanks eine Kraftstoffpumpe benutzt, doch sind die Erfolge sehr unterschiedlich. Nach allgemeinen Erfahrungen sind beispielsweise nur etwa 30% der ausgelieferten Perry-Pumpen für Drehzahlen über 15 000 min^{-1} geeignet, und da sie werkseitig nicht daraufhin geprüft werden, muss man die Selektion selbst vornehmen. Erfahrungsgemäß wird der Austausch aber sehr kulant vorgenommen. Ein anderes Problem kann je nach verwendetem Kraftstoff dann auftreten, wenn bei längerem Nichtgebrauch die Pumpenmembran verklebt und daher beim nächsten Startversuch nicht ordnungsgemäß Kraftstoff fördert. Da zusätzlich zu den sonstigen Einstellungen am Motor noch die des Pumpendrucks hinzukommt, wird die Kraftstoffpumpe von den meisten Helikopterbetreibern als zusätzliche mögliche Fehlerquelle lieber fortgelassen, obgleich einige Piloten damit recht gute Ergebnisse erzielen.

1.2.2 UNI-EXPERT-Mechanik/UNI-Mechanik 2000

1.2.2.1 Motor

Für den Antrieb der UNI-Mechaniken gilt prinzipiell das Gleiche wie für die klassische HEIM-Mechanik; allerdings ergeben sich hier besondere Vorteile bei Verwendung eines Motors mit Heckauslass, weil dann Resonanzschalldämpfer und Krümmer zum großen Teil unter der Mechanik liegen und sich somit eine besonders kompakte, schlanke Mechanik ergibt, die auch in extrem schmale Rümpfe eingebaut werden kann.

Bei der Motorisierung hat sich hier der OS-MAX 61 RX zum Maß der Dinge entwickelt, der sowohl vom Laufverhalten her als auch leistungsmäßig die meisten Konkurrenten weit hinter sich lässt. Vorteile ergeben sich besonders bei Verwendung einer Kupplungsglocke, deren Ritzel 24 an Stelle der ursprünglichen 22 Zähne besitzt und somit die Übersetzung von 10:1 auf ca. 9:1 reduziert (die UNI-Mechanik 2000 wird serienmäßig mit 9:1-Übersetzung geliefert). Damit wird die Geräuschentwicklung des Motors auch bei hohen Systemdrehzahlen deutlich gedämpft. Das hohe Drehmoment dieses Motors erzeugt auch bei dieser Übersetzung eine optimale Leistungsausbeute, und das bei eher unauffälligem Betriebsgeräusch.

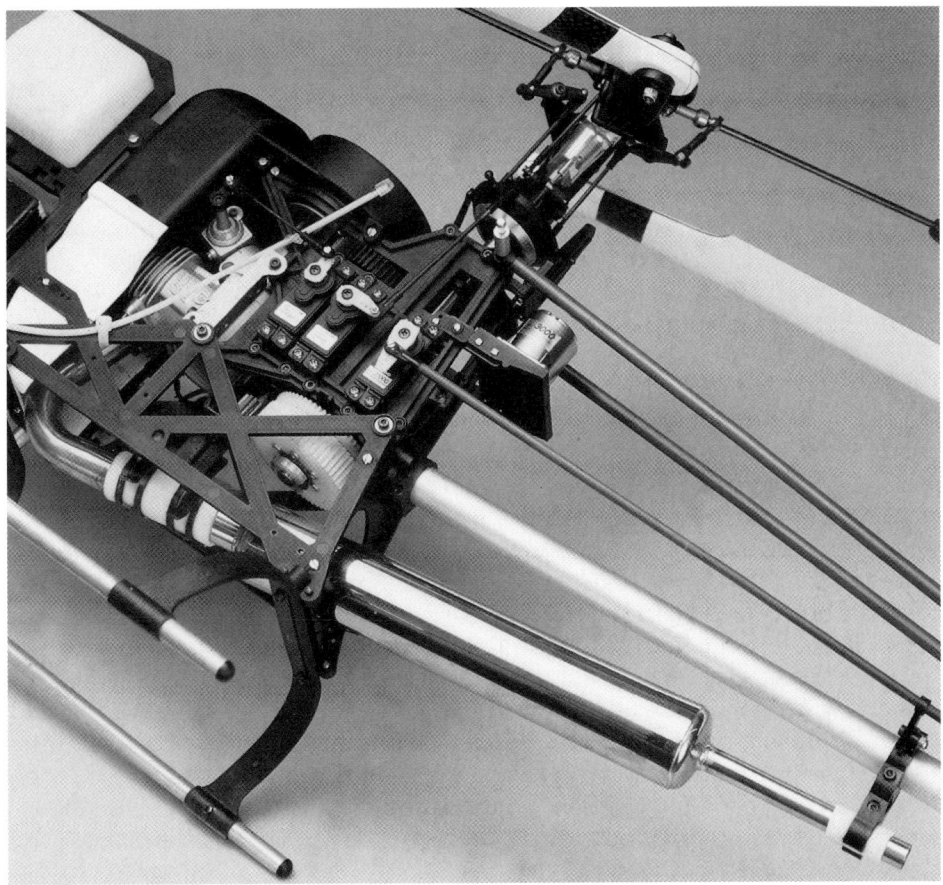

In den Uni-Mechaniken ergibt sich bei Verwendung eines Heckauslass-Motors eine ideale „Inline"-Anordnung der Schalldämpferanlage

1.2.2.2 Der 60B-Vergaser

Der mit der X-Serie der OS-Helimotoren eingeführte Vergaser mit der Bezeichnung 60B besitzt drei Einstellmöglichkeiten für unterschiedliche Betriebszustände, wobei das Zusammenwirken nicht immer auf Anhieb durchschaut wird. Hinzu kommt noch, dass die Motoren wesentlich empfindlicher auf die Vergasereinstellungen reagieren als die meisten anderen Motoren, sodass es gelegentlich zu Misserfolgen im Umgang damit kommt.

Berücksichtigen sollte man, dass die OS-Motoren allgemein eher ausgelegt sind auf die Gewohnheiten der amerikanischen Modellflieger, bei denen der Kraftstoff aus bis zu 25% Rizinusöl und 40% Nitromethan besteht, wobei der hohe Nitromethananteil den viel zu hohen Ölanteil kompensieren muss. Die Motoren für diesen Betrieb weisen eine deutlich niedrigere Verdichtung auf gegenüber den „europäischen" Motoren, die durchweg mit geringerem Ölanteil und wenig bzw. ohne Nitromethan betrieben werden. Als Vorteil aus der niedrigeren Verdichtung

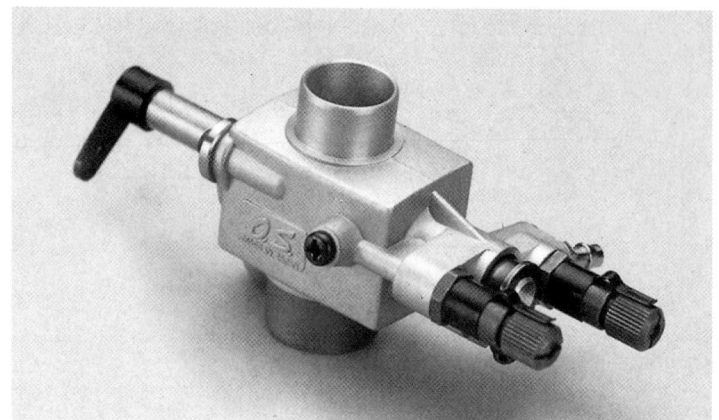

Der OS-Vergaser Typ 60 B wurde speziell für den Hubschraubereinsatz ausgelegt

der o.g. Motoren ergibt sich ein weicherer, runderer Lauf mit weniger starken Vibrationen und geringerem Druck auf die Pleuellager; der Nachteil ist, dass sich ohne Nitromethanzusatz im Kraftstoff nicht die volle Leistung einstellt und die Einstellung des Motors empfindlicher erscheint. Dabei macht gerade hier die geringere Belastung der Pleuellager eine deutliche Reduzierung des Ölanteils möglich, und tatsächlich kann man beobachten, dass sich der empfehlenswerte Nitromethananteil in gleichem Maße reduziert, in dem man den Ölanteil verringert. Wie weit man sich hier über die ausdrücklichen Empfehlungen des Herstellers hinwegsetzen will, muss jeder mit seinem eigenen Gewissen vereinbaren; außerdem sollte das nicht zuletzt davon abhängen, wie weit man in der Lage ist, eine zu magere Einstellung im Flug, die bei reduziertem Ölanteil schneller zu Motorschäden führt, zuverlässig zu verhindern: In meinen Modellen fliege ich in diesen Motoren seit geraumer Zeit und mit gutem Erfolg einen Ölanteil von 7,5% und 5% Nitromethan.

Wie auch immer, Voraussetzung für einen erfolgreichen Umgang mit diesem Motor sind absolut stabile Verhältnisse, was die Kraftstoffversorgung betrifft. Druckschwankungen im Tank machen sich hier stärker bemerkbar als bei anderen Motoren, und so hat bei mir beispielsweise ein vergessener Messingring auf dem Tankhals dazu geführt, dass ich mich längere Zeit über ein instabiles Verhalten des Motors und unerklärliche Motorabsteller im Kunstflug ärgern musste, verbunden mit einer von Flug zu Flug anderen erforderlichen Düsennadeleinstellung. Sorgt man hier jedoch für stabile Verhältnisse, so ist die Einstellung des 60B-Vergasers sehr gut reproduzierbar, wenn man sich mit der Funktionsweise vertraut gemacht hat. Neben der Hauptdüsennadel besitzt der 60B-Vergaser eine Einstellung für den Kraftstoffanteil über den gesamten Vergaser-Verstellbereich, die hier nicht, wie bei anderen Motoren, mit einer axial verschiebbaren Leerlaufdüsennadel realisiert wurde, sondern mit einer Kulisse, die vom Vergaserküken bewegt wird und je nach Öffnungsgrad den Kraftstoffeinlass mehr oder weniger freigibt. Die Leerlauf- und Teillasteinstellung wirkt nun auf die absolute Stellung dieser Kulisse, entspricht also von Funktion und Bedienung her der bekannten Leerlaufdüsennadel, obgleich die Wirkung hier wesentlich exakter ist. Die zweite Düsennadel ermöglicht es dann, in einem Bereich um die Mittelstellung des Vergasers das Gemisch zusätzlich mit Kraftstoff anzureichern, hat aber sowohl bei Vollgas als auch im Leerlauf keinerlei Wirkung.

Bei der endgültigen Einstellung eines eingelaufenen Motors geht man zweckmäßigerweise folgendermaßen vor: Zunächst dreht man die zweite Düsennadel (für die Teillast-Anreicherung) ganz zu. Die Hauptdüsennadel wird ca. 2 Umdrehungen geöffnet und der Motor angelassen. Der Leerlauf (und damit auch der Teillastbereich) wird nun so eingestellt, dass sich die Leerlaufdrehzahl bei Abklemmen der Glühkerzenheizung noch geringfügig verringert. Die optimale Vollgaseinstellung lässt sich am besten in der Rückenfluglage ermitteln, indem man die Hauptdüsennadel so weit zudreht, dass der Motor in Rückenfluglage gerade eben nicht mehr „viertaktet" (im Rückenflug wird die Motoreinstellung durch den dann oberhalb des Vergasers liegenden Tank fetter als im Normalflug). Unter Umständen muss dann die Teillasteinstellung noch einmal in Richtung „fetter" korrigiert werden. Bei Verwendung von Kraftstoff mit Synthetiköl sollte es höchstens in Ausnahmefällen nötig sein, das Teillastgemisch mit der zweiten Düsennadel zusätzlich anzureichern, wozu dann, aber erst wenn die anderen Einstellungen optimiert wurden, diese Nadel bis zu maximal einer Umdrehung geöffnet wird; eigentlich sollte das aber nur bei dem dickflüssigeren Kraftstoff mit Rizinusöl erforderlich sein. Die so gefundene Einstellung ist normalerweise sehr stabil und braucht später nur noch selten nachgestellt zu werden.

1.3 Kraftstoff

Sorgfältiger Überlegungen bedarf der Kraftstoff, den man zu verwenden gedenkt. Kraftstoff mit Rizinusöl ist für alle Motorentypen gleichermaßen geeignet; Motoren italienischer Herkunft wie etwa Rossi, OPS, Pico usw. haben – vor allem in ABC-Ausführung – gelegentlich Schwierigkeiten mit synthetischen Ölen. Rizinusöl bildet bekanntlich Ölkohle in Form von schwarz-braunen Ablagerungen auf dem Kolben und vor allem im Schalldämpfer. Wird ein Ölgemisch aus Synthetik- und Rizinusöl verwendet, so steigert die höhere Abgastemperatur dieser Kraftstoffe noch zusätzlich die Verkrustungen im Schalldämpfer, wobei allerdings der Verbrennungsraum meist sauberer bleibt. Man muss daher den Schalldämpfer oft reinigen, wenn derartige Kraftstoffe verwendet werden, hat aber den Vorteil, dass die Motoreinstellung verhältnismäßig unproblematisch ist und die Vergasereinstellung auch einmal auf die magere Seite geraten darf, ohne dass der Motor bleibenden Schaden nimmt.

Bei der Verwendung von Kraftstoffen mit rein synthetischem Öl entfällt das Problem der Ölkohlebildung, und im Laufe der Zeit haben sich diese Kraftstoffe zum Standard im Hubschrauberbereich entwickelt, nicht zuletzt auch deshalb, weil sich die gebräuchlichen, fest verlöteten Resonanzschalldämpfer aus Aluminium oder Edelstahl nicht mehr zum Reinigen öffnen lassen, sodass man sie bei einer Verstopfung mit Ölkohle wegwerfen müsste. Zudem lässt die hohe Tragfähigkeit der modernen Synthetiköle auch bei hohen Temperaturen eine Reduzierung des Ölanteils auf unter 8% für den Hubschrauberbetrieb zu. Abgesehen davon, dass es inzwischen eine kaum zu überblickende Anzahl verschiedener

Synthetikkraftstoffe gibt, die nicht alle für Hubschraubermotoren der hier beschriebenen Art geeignet sind, ist auch die Vorgehensweise bei der Vergasereinstellung von grundlegender Bedeutung für den Erfolg. Während man bei Rizinuskraftstoffen von einer eindeutig fetten Düsennadeleinstellung ausgehend den Vergaser so lange magerer dreht, bis das Leistungsmaximum überschritten ist und die Leistung auf der mageren Seite des Einstellbereichs wieder abfällt, um dann wieder etwas zurückzudrehen bis zur Maximalleistung, würde dieses Vorgehen bei Synthetikkraftstoffen wahrscheinlich schon zu den ersten Kolbenfressern und teilweise zum Trockenlaufen der Pleuellager führen, sodass der Motor hierbei schon unerkannt Schäden davongetragen hat, die später dann, in der Summe derartiger Vorfälle, zu den bekannten, aus der momentanen Situation heraus unerklärlichen und nicht vorhersehbaren Pleuelbrüchen und Lagerschäden führen.

Bei Verwendung von Synthetikkraftstoffen sollte daher stets so vorgegangen werden, dass man von der eindeutig zu fetten Motoreinstellung die Düsennadel nur so weit zudreht, dass der Motor gerade einwandfrei rund läuft und nicht viertaktert. Es muss auch und vor allem im Teillastbereich gewährleistet sein, dass er nicht „abmagert", und das auch nach längerer Betriebszeit unter Volllast. Im Gegensatz zu Rizinuskraftstoff würde sich die Leistung ohnehin nicht weiter erhöhen, wenn man den Motor magerer einstellte.

1.4 Schalldämpfer

Vom Anfang an war das HEIM-System für den Betrieb mit Resonanzschalldämpfer ausgelegt. Nur damit sind die Motoren trotz Einbau in einem völlig geschlossenen Rumpf in der Lage, ihre Maximalleistung abzugeben, ohne dabei thermisch überlastet zu werden. Da über die Funktionsweise von Resonanzschalldämpfern oft Unklarheit besteht, sollen hier zunächst einige Zusammenhänge in Erinnerung gerufen werden. Man geht davon aus, dass die Abgase in Form einer Druckwelle durch den Auspuffkrümmer in den Diffusorteil des Resonanzrohrs strömen und sich dort ausdehnen. Dabei entsteht gleichzeitig ein Sog, der die Abgase vollständig aus dem Zylinder entfernt und die Füllung mit Frischgas unterstützt. Am Ende des Resonanzrohrs wird die Druckwelle reflektiert und läuft nun wieder zurück in Richtung Motor. Wenn das Resonanzrohr lang genug ist, wurde auch Frischgas bis in den Auspuffkrümmer gesaugt, das nun durch die rücklaufende Druckwelle wieder in den Zylinder zurückgedrückt wird. Geschieht das kurz vor dem Moment, in dem der Auslasskanal geschlossen wird, so spricht man von Resonanz des Systems und erreicht damit eine Art Kompressorwirkung, also eine zusätzliche Verdichtung des Gemisches und eine bessere Füllung, woraus dann eine höhere Leistung resultiert. Dabei ist es auch wichtig, dass die Steuerzeiten des Motors so abgestimmt sind, dass der Auspuffkanal verhältnismäßig früh vor den Überströmkanälen geöffnet wird und dass diese wieder geschlossen sind, bevor die rücklaufende Druckwelle mit dem Zurückdrücken der Frischgase in den Zylinder beginnt. Es wird jedoch auch klar, dass ein sehr enger Zusammenhang besteht zwischen der Motordrehzahl, bei der Resonanz eintritt, und der Länge des Resonanzrohrs. Von dieser hängt nämlich die Zeit ab, die die Druckwelle benötigt, um die Prallwand oder den Gegenkonus zu erreichen und wieder zurück zum Motor zu laufen. Damit wird deutlich, dass zu hohen Drehzahlen kurze Resonanzrohrlängen gehören und zu niedrigeren Drehzahlen eben längere Rohre. Hinzu kommt noch, dass Resonanzrohre mit Prallwand nur einen schmalen Drehzahlbereich haben in dem Resonanz eintritt, solche mit Gegenkonus einen breiteren, dafür aber weniger stark ausgeprägten Resonanzbereich. Bei Flugmodellen nimmt man die Abstimmung nun so vor, dass bei der vorgesehenen Luftschraube und Vollgas gerade Resonanz eintritt und damit die Drehzahl möglichst hoch wird. Der plötzliche Drehzahlanstieg, wenn die Resonanz einsetzt, stört hier ebenso wenig wie der verzögerte, abrupte Drehzahlabfall beim Drosseln. Beim Hubschrauber wäre das jedoch sehr unangenehm. Man betreibt daher die Resonanzschalldämpfer im Helikopter meist außerhalb der Resonanz, da es hierbei weniger darum geht, die letzten Reserven des Motors zu mobilisieren, als vielmehr um eine möglichst geringe thermische Belastung des Motors durch den Schalldämpfer und effektive Geräuschdämpfung. Beides erreicht man mit dem Resonanzschalldämpfer auch außerhalb des Resonanzbereichs. Es besteht daher prinzipiell die Möglichkeit, das Resonanzrohr entweder so kurz zu machen, dass der Motor eine dazu gehörende Drehzahl mit Sicherheit nicht erreicht, oder aber so lang, dass der Motor bei Nenndrehzahl schon wieder aus dem Resonanzbereich nach oben hinausgeraten ist. Von diesen beiden Möglichkeiten sollte man möglichst die zweite wählen. Ein zu kurzes Resonanzrohr kann nämlich den angestrebten Effekt der geringeren thermischen Motorbelastung ins Gegenteil verkehren, da bei zu kurzer Abstimmung die rücklaufende Druckwelle den Motor schon wieder erreicht, bevor der Zylinder vollständig mit Frischgas gefüllt ist und unter Umständen dadurch heiße Abgase wieder mit zurück in den Zylinder drückt. Neben der Möglichkeit der Frühzündung und dem damit verbundenen Klingeln des Motors entsteht dabei eine thermisch bedingte Verspannung von Kolben und Laufbuchse, da auf der einen Seite des Motors ständig das kalte Frischgas ansteht, auf der anderen Seite ständig die heißen Abgase. Motoren, die unter diesen Betriebsbedingungen leiden, erkennt man an den typischen schwarzen Riefen im Kolben (Kolbenfresser), vorwiegend auf der Auspuffseite. Auch unerklärliche Pleuelbrüche und Kolbenfresser allgemein, die bezeichnenderweise gerade bei eher niedrigen Systemdrehzahlen auftreten, können ihre Ursache in einer zu kurzen Resonanzrohrabstimmung haben.

Stimmt man das Resonanzrohr zu lang ab, befindet man sich auf jeden Fall auf der sicheren Seite. Auffälligstes äußeres Anzeichen dafür ist unter anderem ein erhöhter Kraftstoffverbrauch. Das ist auch ganz natürlich, denn es wird jetzt eine große Menge Frischgas in den Auspuff gesaugt, bevor die rücklaufende Druckwelle das verhindert, und da sie zu spät kommt, kann sie auch nur einen geringen Teil der Frischgase zurück in den Motor drücken. Der Rest des Frischgases wird mit den Abgasen ausgestoßen. Das hat vor allem zwei Vorteile: Der Zylinder ist auf jeden Fall vollständig mit Frischgas gefüllt und der Motor wird auf der Auspuffseite thermisch entlastet, da hier nicht mehr die heißen Abgase, sondern kaltes Frischgas ansteht. Als optimal kann daher die Abstimmung des Resonanzschalldämpfers dann angesehen werden, wenn der Resonanzbereich dicht unter der Betriebsdrehzahl des Systems liegt, wobei die Schalldämpferaus-

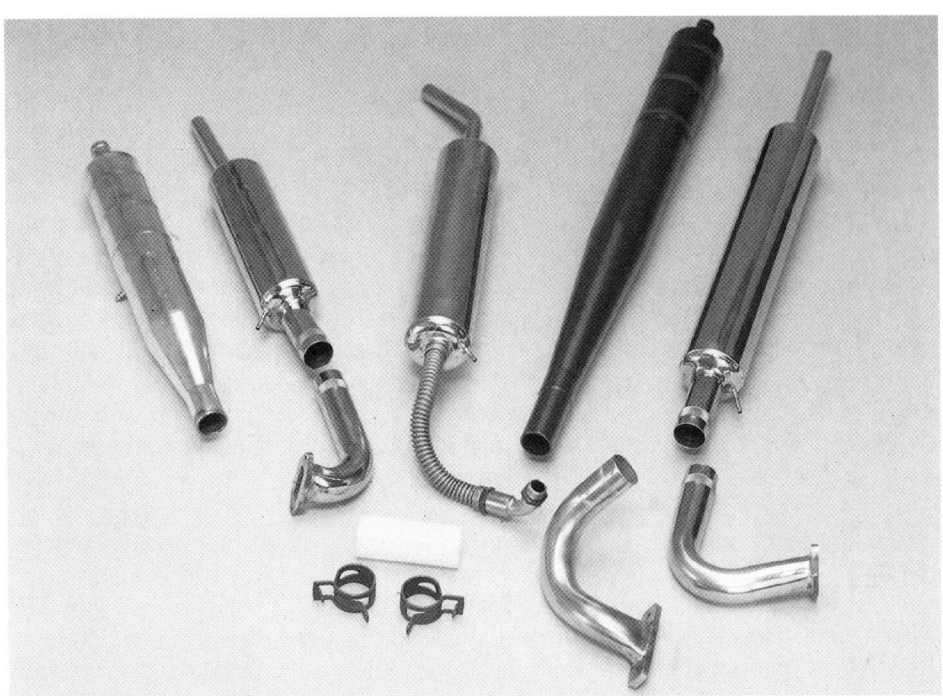

Resonanz-Schalldämpfer und Krümmer für den Hubschraubereinsatz

führung mit Gegenkonus wegen des breiteren und flacheren Resonanzbereichs vorzuziehen ist. In dem Fall nämlich wird der Resonanzbereich schon beim Hochfahren der Drehzahl überwunden, sodass im normalen Flugbetrieb kein störender plötzlicher Drehzahlabfall oder -anstieg auftritt, denn der Motor läuft über dem Resonanzbereich. Wird nun bei irgendwelchen Flugmanövern der Leistungsbedarf so groß, dass der Motor die Drehzahl nicht mehr aufrechterhalten kann, dann sinkt diese genau in den Resonanzbereich ab, in dem zusätzliche Leistung mobilisiert wird. Meist wird daher die Drehzahl nicht weiter absinken und bei einer Entlastung des Antriebs schnell wieder den ursprünglichen Wert erreichen. Damit erreicht man eine sehr konstante Betriebsdrehzahl ohne merkliche Veränderungen in einem weiten Leistungsbereich bei gleichzeitig größtmöglicher Schonung des Motors, auch wenn dabei die theoretisch erreichbare Motorleistung nicht völlig ausgeschöpft wird. Andernfalls, also bei einer Abstimmung der Resonanz genau auf die Betriebsdrehzahl, würde der Motor bei Überlastung aus dem Resonanzbereich nach unten herausfallen in den Bereich, in dem er durch die zurückgedrückten Abgase zusätzlich thermisch belastet wird, wodurch einerseits Motorschäden entstehen können und es andererseits für den Motor noch schwieriger wird, seine ursprüngliche Drehzahl wieder zu erreichen.

So einleuchtend Zielsetzung und Vorgehensweise für die Resonanzrohrabstimmung erscheinen, so kompliziert kann die praktische Realisierung der vorausgegangenen Überlegungen sein. Die erforderliche Länge für eine vorgesehene Resonanzdrehzahl lässt sich näherungsweise ermitteln, in dem man die Zahl 250 000 durch die Drehzahl in Umdrehungen pro Minute teilt. Man erhält dann eine Länge in cm, die den Abstand eines Messpunktes am Resorohr vom Zylindermittelpunkt angibt, der genau bei 40% der Länge des Diffusorkegels liegt. Dieser Wert bewegt sich also zwischen 17,85 cm für 14 000 min⁻¹ und 13,89 cm für 18 000 min⁻¹. Erstaunlicherweise hat der Abstand der Prallwand oder des Gegenkonus vom Motor nur einen indirekten Einfluss auf die Resonanzdrehzahl, und so hat es wenig Sinn, mit einer Verschiebung dieser Prallwand eine Abstimmung zu versuchen, wenn die o.a. Länge, die im Wesentlichen durch den Krümmer bestimmt wird, nicht zumindest ungefähr im erforderlichen Bereich liegt. Die exakte Abstimmung hängt außerdem noch von der Abgastemperatur ab, doch dieser Einfluss ist nur bei einer Abstimmung genau auf Resonanz zu berücksichtigen; bei der hier vorgeschlagenen, zu tiefen Abstimmung ist das unerheblich *(Abb. 1.4.1)*.

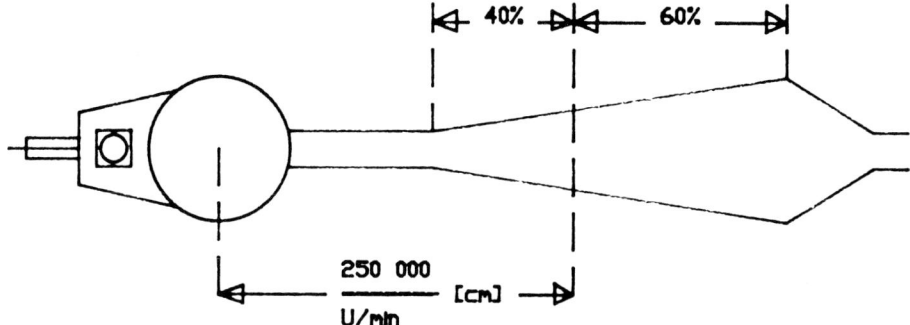

Abb. 1.4.1
Abstimmung des Resonanzrohrs

In der Praxis ist es nun nicht immer einfach, einen entsprechend langen Krümmer bei den meist beengten Platzverhältnissen im Hubschrauberrumpf unterzubringen, und man wird kaum eine Möglichkeit haben, die Abstimmung in praktischen Versuchen durch Veränderung der Krümmerlänge im Modell vorzunehmen. Glücklicherweise gibt es mehrere Hersteller, die Spezialkrümmer für die meisten Modelle mit HEIM-Mechanik anbieten. Diese Krümmer orientieren sich meist optimal an den individuellen Raumverhältnissen in dem betreffenden Rumpf und haben näherungsweise schon die erforderliche Länge. Die Abstimmlänge wird nun rechnerisch so ermittelt, dass die Resonanzfrequenz ca. 500 bis 1000 min⁻¹ unter der angestrebten Betriebsdrehzahl des Motors liegt. Auf dem Diffusorkonus des vorgesehenen Resonanzschalldämpfers ermittelt man dann den Punkt, der bei 40% der Länge des Kegels (von der Einlassseite gemessen) liegt. Dieser Punkt sollte ja definitionsgemäß den errechneten Abstand vom Zylindermittelpunkt aus haben, wobei man den Weg der Abgase durch alle Biegungen des Krümmers in der Rohrmitte zu Grunde legen muss. Die meisten Resonanzschalldämpfer haben einen sehr langen zylindrischen Einlass, bevor der Diffusorkegel beginnt, sodass man diesen meist wesentlich kürzen muss, um die gewünschte Abstimmlänge zu erreichen; wie weit, hängt von der Bauform des Resonanzrohrs und des Krümmers ab. Den Druckchnippel montiert man am besten am auslassseitigen Ende des Diffusorkegels, da hier einigermaßen konstante Druckverhältnisse herrschen. Die zu diesem Zweck oft mit dem Schalldämpfer gelieferten

Nippel, die von außen in das Rohr eingeschraubt werden, sind allerdings ungeeignet, da sie sich nach kurzer Zeit wieder lösen. Stattdessen verwendet man einen Nippel, wie er zum Einbau in Kunststofftanks vorgesehen ist, den man mithilfe eines Drahtes von innen nach außen in den Schalldämpfer bringt und mit einer außen aufgedrehten Mutter festzieht.

Die vorausgegangenen Ausführungen beziehen sich auf die „klassische" Bauform eines Resonanzschalldämpfers mit langem Diffusorkonus, Gegenkonus und nachgeschaltetem Schalldämpferteil. Inzwischen hat sich im Hubschrauberbereich noch eine andere, wesentlich kompaktere, zylindrische Bauform des Resonanzschalldämpfers durchgesetzt, deren Resonanzverhalten nicht mit den oben beschriebenen Mitteln bestimmt werden kann, sondern vermutlich auch von manchen Herstellern nur empirisch bestimmt wird. Diese Schalldämpfer lassen sich in allen HEIM-Modellen problemlos unterbringen und ermöglichen durchweg sehr gute Motorleistungen bei gleichzeitig hoher Geräuschdämpfung. Bekannteste Vertreter dieses Schalldämpfertyps sind die Dämpfer von Adi Peiffer (anfangs im Vertrieb von RD) in vollständig verlöteter Aluminiumausführung und die ebenfalls vollständig verlöteten Edelstahldämpfer von Harald Zimmermann, die sich bei allen namhaften Modellbaufirmen im Vertrieb befinden.

Die Verbindung zwischen Rohr und Krümmer sollte mit einem Teflonschlauch ausreichender Wandstärke vorgenommen werden, wobei einige Dinge zu beachten sind. Der Abstand zwischen Rohr und Krümmer sollte möglichst klein sein, damit die thermische Belastung des Teflonschlauchs gering bleibt und damit die Gefahr des Durchbrennens. Außerdem wirkt Teflon in Verbindung mit Rizinussprit als eine Art Katalysator für die Bildung von Ölkohle, sodass auch aus diesem Grund die mit dem Abgasstrom in Berührung kommende Fläche möglichst klein bleiben sollte. Andererseits sollen sich Rohr und Krümmer auch nicht direkt berühren können, um ein Entstehen von Knackimpulsen zu verhindern. Grundsätzlich muss man sich darüber im Klaren sein, dass der Betrieb des Resonanzschalldämpfers im Hubschrauber nicht mit dem im Flächenmodell vergleichbar ist; sowohl thermisch als auch mechanisch durch Vibrationen ist die Belastung für die Schalldämpferanlage um ein Vielfaches höher. Da die Außenkühlung durch den Propellerstrahl fehlt, kann man davon ausgehen, dass sonst geeignete Materialien wie Silikonschlauch oder Gummidichtungen fast augenblicklich durchbrennen und dass Pressverbindungen von Aluminiumteilen innerhalb kürzester Zeit von den Vibrationen gelöst werden. Auch Verbindungen mit Blindnieten sind ungeeignet, da sie von Anfang an undicht sind und ebenfalls durch Vibrationen wieder gelöst werden. Auf Dauer halten hier nur Schweiß- oder Hartlötverbindungen. Probleme entstehen auch oft bei der Verbindung von Rohr und Krümmer mit Teflonschlauch dadurch, dass das Aluminiumrohr unter dem Teflonschlauch geradezu schrumpft, weil, im Gegensatz zu Silikon, der Teflonschlauch auch bei den hohen Abgastemperaturen verhältnismäßig hart und vor allem glatt bleibt und so durch die Vibrationen das Alurohr darunter zusammentreibt, bis es schließlich abbricht. Es ist daher erforderlich, eine entsprechende Stahlbuchse in das Aluminiumrohr einzupressen, die ein Nachgeben nach innen verhindert. Da die meisten Krümmer aus Stahl gefertigt sind, tritt hier dieses

Problem nicht auf, ebenso wenig wie bei den oben erwähnten, speziell für den Hubschraubereinsatz gefertigten Schalldämpfern von Adi Peiffer, die über eine ausreichende Wandstärke des Einlassstutzens verfügen. Über den Teflonschlauch wird dann auf jede Seite eine federnde Schlauchklemme aufgeschoben, die im Gegensatz zu den anfangs verwendeten Schraubklemmen ständig gleichmäßig fest sitzen und sich im Betrieb nicht lockern können. Selbstverständlich sollten Krümmer und Rohr unter der Teflonmuffe keine scharfen Kanten aufweisen, sonst besteht die Gefahr, dass die Muffe durchgescheuert wird. Wenn man dann noch auf der Auslassseite des Resonanzschalldämpfers für eine ordentliche mechanische Abstützung des Rohrs sorgt, sodass es die Teflonmuffe nicht noch zusätzlich belastet, erhält man eine sehr zuverlässige und robuste Auspuffanlage. Nicht bewährt haben sich die zunächst angebotenen Flexkrümmer aus Edelstahl-Wellschlauch; hier musste man unbedingt für eine zusätzliche vordere Abstützung des Resonanzschalldämpfers sorgen, sodass er nicht vom Krümmer getragen wurde. Andernfalls brach der Wellschlauch schon nach kurzer Betriebszeit.

Für die UNI-Mechaniken eignen sich die von Graupner angebotenen Edelstahl-Schalldämpfer und -Krümmer aus der Produktion von Harald Zimmermann gleichermaßen gut wie die Schalldämpfer von Adi Peiffer in voll verlötetem Alu-minium. Eine weitere Steigerung sowohl der Leistung als auch gleichzeitig der Geräuschdämpfung lässt sich mit einem selbst modifizierten OS-Resonanzschalldämpfer erreichen (rot eloxiert, im Vertrieb von Graupner, vorgesehen eigentlich für den OS-Langhuber im Flächenmodell). Diesen Schalldämpfer kürzt man an der Einlassseite bis unmittelbar an die eingeformte Verdickung, auf der dann der Teflon-Verbindungsschlauch einwandfrei befestigt werden kann. In Verbindung mit der oben erwähnten „24-Zähne-Kupplung" sollte so abgestimmt werden, dass sich vom Auspuff-Flansch des Krümmers bis zur Prallwand im Schalldämpfer eine Distanz von 40 bis 41 cm ergibt. Den Drucknippel montiert man wiederum am Ende des Diffusorkegels im Schalldämpfer, keinesfalls etwa am Krümmer, wie man es immer noch gelegentlich beobachten kann: Der Druck im Krümmer ist nämlich stark drehzahlabhängig und alles andere als konstant.

Dieser Schalldämpfer ist allerdings sehr lang, womit er sich problemlos nur in den Trainern UNI-STAR 60 und ULTRA-STAR 2000 sowie im SLIMLINE 60 einbauen lässt, in der LOCKHEED 286 UNI mit einigen Schwierigkeiten und im MEGA-STAR leider überhaupt nicht. Ein weiterer Nachteil ist der hohe Preis, aber dafür ist diese Schalldämpferanlage – jedenfalls für mich – sowohl leistungsmäßig als auch bezüglich der Geräuschdämpfung die Referenz für die Beurteilung anderer Schalldämpfer.

1.5 Der Heckrotorantrieb

Ein Konstruktionsmerkmal der HEIM-Mechaniken von Anfang an ist der Heckrotorantrieb in einer Ausführung, bei der eine 2 mm starke Stahldrahtwelle in einem ABS-Führungsrohr läuft, das seinerseits in eine Balsa-Führungsleiste eingeklebt wird. Entgegen allen gelegentlich geäußerten Bedenken und unterschiedlichster „Verbesserungsversuche" hat sich diese verhältnismäßig einfache Konstruktion als absolut zuverlässig erwiesen. Voraussetzung ist allerdings, dass man das Prinzip verstanden hat und einige Kleinigkeiten beachtet, die bei oberflächlicher Betrachtung vielleicht unwichtig erscheinen, später aber über Erfolg oder Misserfolg entscheiden können.

Eine lange Welle neigt grundsätzlich zum Schlagen, wenn man versucht, sie genau geradlinig zu führen. Dabei ist es unerheblich, wie oft sie gelagert wird; zwischen den einzelnen Lagerstellen bildet sie unter dem Einfluss der Zentrifugalkraft einzelne Bögen, die dann jeweils für sich wie ein Springseil laufen. Dieses Verhalten ändert sich erst, wenn der Durchmesser der Welle einen bestimmten Wert im Verhältnis zur Länge überschreitet; die 2 mm der Stahldrahtwelle liegen auf jeden Fall darunter.

Dieses Schlagen der Welle ist jedoch wirksam zu verhindern, wird sie in einem leichten Bogen geführt, und genau das geschieht bei der HEIM-Konstruktion: Die Wellenkupplungen vorn und hinten bilden einen geringen Winkel zueinander, sodass eine verbindende Welle, die vorn und hinten fluchtend eingespannt wird, einen leichten Bogen über die gesamte Länge beschreibt. Das elastische ABS-Rohr (Bowdenzughülle) folgt ohne merklichen Widerstand diesem Bogen und lässt sich exakt in dieser Lage in der Nut der Balsa-Lagerleiste fixieren. Das in den Bauanleitungen der HEIM-Hubschrauber beschriebene Vorgehen beim Einbau der Welle hat also durchaus Methode: Dadurch, dass man einen langsam aushärtenden Epoxikleber verwendet (UHU plus endfest 300) und alles in einem Zuge einklebt, gibt man der Welle und damit auch dem Führungsrohr Gelegenheit, sich optimal in der Lagerleiste auszurichten. Gleichzeitig kann sich die Lagerleiste wiederum in den Spanten oder auf dem Rumpfboden, je nach Modell, horizontal ausrichten. Daher ist es auch unbedeutend, wenn die Holzleiste geringfügig verzogen ist; der Bogen der Welle verläuft dann eben in einer anderen Ebene. Balsaholz für die Lagerung hat, neben geringem Gewicht, den Vorteil, von Natur aus schwingungsdämpfend zu wirken, ist hier also ideal. Auch das Kunststoff-Führungsrohr erfüllt seine Aufgabe und hat keinerlei Nachteile gegenüber Teflon, wenn man dafür sorgt, dass die Welle darin nicht heißlaufen oder fressen kann. Dazu bedarf es einer geringen Vorarbeit. Die mitgelieferten Antriebswellen besitzen eine leicht raue Oberfläche; selbst hergestellte Wellen aus normalem 2-mm-Federstahl sind meist mit einer vor Korrosion schützenden, harzigen Fettschicht überzogen. In beiden Fällen sollte die Welle, bevor sie zum ersten Mal in das vorgesehene Führungsrohr eingeschoben wird, mit Schleifpaste gründlich poliert und danach mit dünnflüssigem Silikonöl eingerieben werden. Außerdem entgratet man sorgfältig die Enden der Welle, wobei vor allem dem vorderen Ende erhöhte Aufmerksamkeit zugewendet werden muss, damit es sich später nicht in die Gabel der Schnellkupplung eingräbt. Wird dann über die mitgelieferte Welle die zunächst sehr straff sitzende Kupplungshülse geschoben, ist festzustellen, dass sie etwa in der Mitte der Welle plötzlich hakt: Hier war die Welle offenbar bei der Herstellung des Hakens für die Schnellkupplung eingespannt und wurde dabei geringfügig deformiert. Diese Stelle muss mit feinem Sandpapier und/oder Schleifpaste bearbeitet werden, bis die Kupplungshülse nicht mehr hakt; andernfalls wird die Welle später an dieser Stelle im

Führungsrohr fressen. Wenn man die so vorbereitete Antriebswelle dann wie beschrieben einbaut, wird sie einwandfrei laufen. Auch die kurze, ohne weitere Führung laufende Welle zwischen Umlenkgetriebe und Heckrotor bei den Modellen mit hochliegendem Heckrotor sollte einen ganz leichten Bogen beschreiben, was sich normalerweise auch automatisch ergibt, wenn man das Umlenkgetriebe genau an den markierten Stellen festschraubt: Die nach oben führende Welle weist dann nicht genau auf die Mitte der runden Öffnung für den Heckrotor, sondern auf einen etwas aus der Mitte heraus nach vorn versetzten Punkt. Das ist so in Ordnung.

Entgegen den Angaben in einigen Bauanleitungen ist ein Abflachen der Stahldrahtwellen dort, wo die Madenschrauben der Heckrotorkupplung und in den Zahnrädern des Umlenkgetriebes angreifen unbedingt erforderlich; einfaches Entfetten reicht einfach für eine dauerhaft feste Verbindung nicht aus. Zusätzlich verwendet man hier reichlich flüssige Schraubensicherung.

1.6 Grundeinstellung eines Hubschraubers mit HEIM-Mechanik

Die Grundeinstellung eines HEIM-Hubschraubers ist eigentlich nicht besonders schwierig, stellt aber den Ungeübten oder Umsteiger von einem anderen System auf Grund der recht komplexen Steuerungskinematik vor nicht unerhebliche Probleme, wenn er die Einstellungen nicht systematisch und in der richtigen Reihenfolge vornimmt. Nachfolgend soll daher der Weg beschrieben werden, der am sichersten zum Erfolg führt.

Bei der Einstellung der Hauptrotoransteuerung beginnt man zunächst mit dem Pitchkompensator. Hierzu werden am besten die Steuerstangen am Taumelscheiben-Außenring ausgehängt, sodass die Taumelscheibe auf der Hauptrotorwelle frei verschiebbar ist. Man bringt nun die Taumelscheibe in die höchstmögliche Position, wobei drei verschiedene Situationen eintreten können:

1. Die Taumelscheibe schlägt gegen den Pitchkompensator genau dann, wenn dieser den Rotorkopf erreicht. Das ist die korrekte Einstellung, weil so die Taumelscheibe den größtmöglichen Raum für Auf- und Abbewegungen hat.

2. Die Taumelscheibe schlägt gegen den Pitchkompensator, bevor dieser den Rotorkopf erreicht hat.

   Abhilfe: Die beiden abgewinkelten Gestänge zur Paddelstange werden durch Hineindrehen in die Kugelgelenke verkürzt. Dabei ist darauf zu achten, dass beide Gestänge gleich lang bleiben.

3. Der Pitchkompensator schlägt am Rotorkopf an, bevor ihn die Taumelscheibe erreicht.

   Abhilfe: Die beiden abgewinkelten Gestänge zur Paddelstange werden durch Herausdrehen aus den Kugelgelenken verlängert.

Justage von Taumelscheibe und Pitchkompensator
Falsch!
Pitchkompensator schlägt am Rotorkopf an, aber zur Taumelscheibe hin ist noch ein Zwischenraum

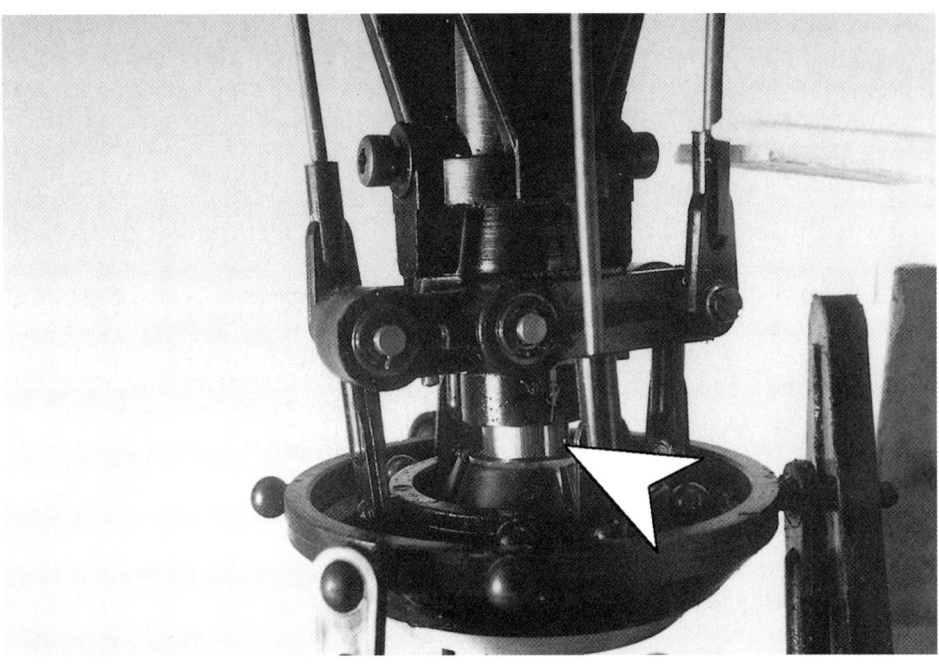

Auch falsch!
Die Taumelscheibe schlägt am Pitchkompensator an, aber oben ist noch Luft

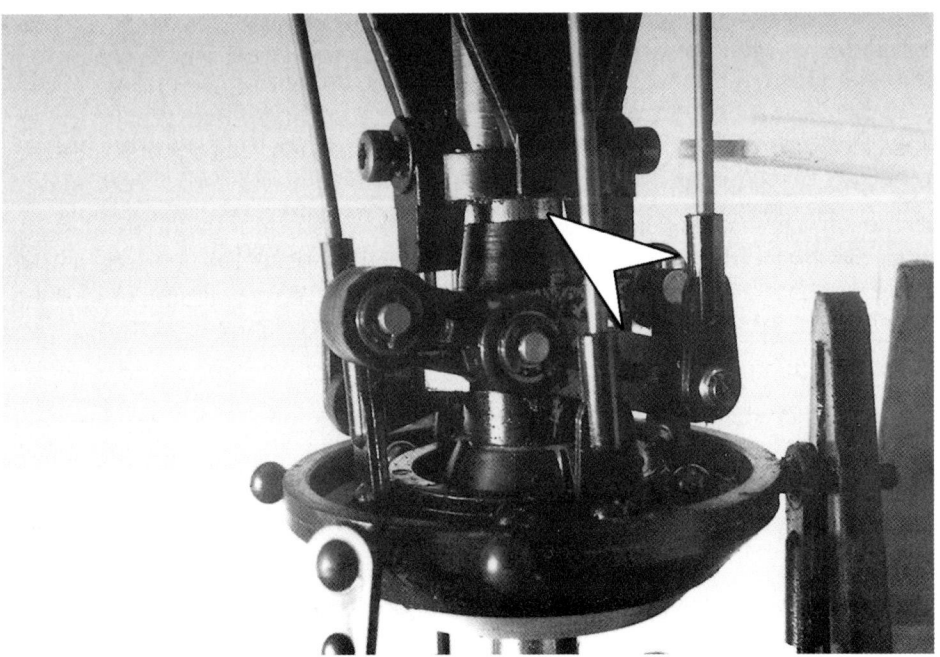

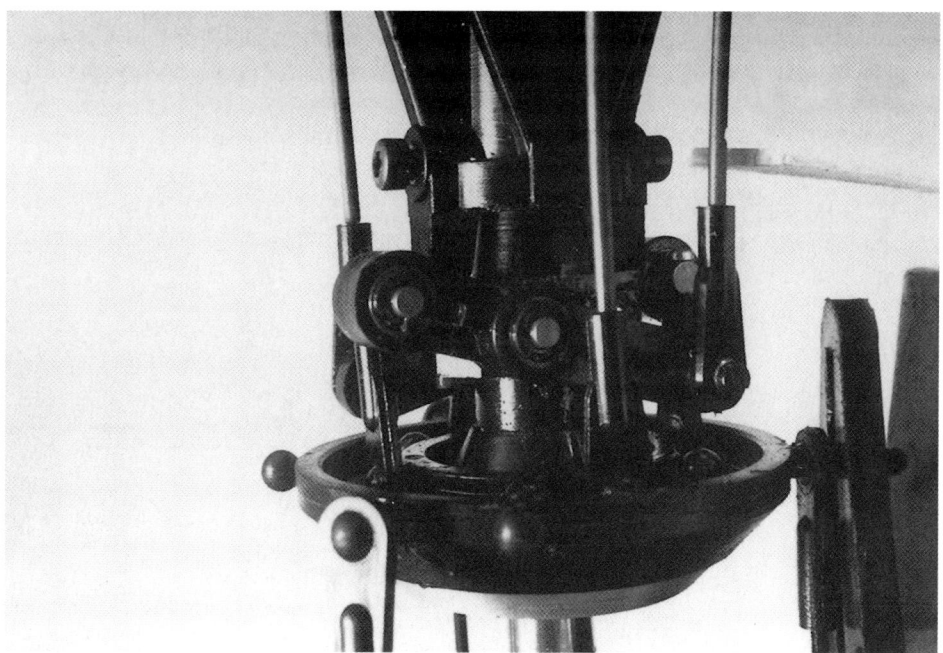

Richtig!
Taumelscheibe schlägt am Pitchkompensator an und der Pitchkompensator am Rotorkopf

Als Nächstes werden bei der klassischen HEIM-Mechanik und bei der UNI-Mechanik 40 die beiden Steuergestänge eingestellt, die von der Taumelscheibe zur Ausgleichswippe führen. Dazu bringt man die Taumelscheibe wieder in die höchstmögliche Position, sodass sie am Pitchkompensator und dieser am Rotorkopf anschlägt. Die beiden Gestänge werden nun so eingestellt, dass die Ausgleichswippe mit dem Doppelumlenkhebel ebenfalls fast an ihrem oberen Anschlag steht, wobei der obere Anlenkpunkt des Doppelumlenkhebels jedoch keinesfalls den Stellring auf der Hauptrotorwelle berühren darf.

Auch hier ist darauf zu achten, dass beide Gestänge gleich lang sind, damit der Doppelumlenkhebel parallel zur Taumelscheibe bewegt wird. (Diese Einstellung entfällt natürlich bei der Drei- oder Vierpunktanlenkung der Taumelscheibe.)

Nun bringt man die Taumelscheibe in die Schwebeflugposition, die etwa in der Mitte ihres axialen Bewegungsspielraums auf der Rotorwelle liegen sollte. In dieser Position der Taumelscheibe werden die beiden Gestänge, die links und rechts vom Taumelscheiben-Außenring zu den beiden Umlenksegmenten führen, so eingestellt, dass der Hebelarm, an dem sie eingehängt werden, genau waagerecht, also 90° zum Gestänge, steht. Der andere Hebel steht dann senkrecht nach oben.

Bei eingeschalteter Fernsteueranlage wird nun die Trimmung der Rollfunktion in Mittelstellung gebracht, ebenso der Pitchsteuerknüppel und, soweit vorhanden,

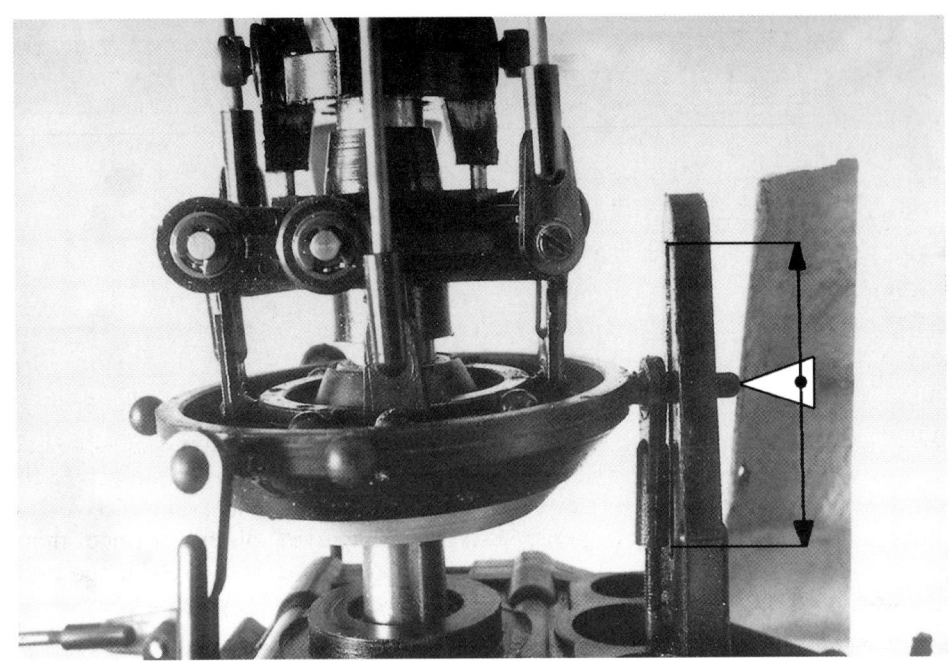

Schwebeflugeinstellung:
Der Stift der Taumelscheibe sollte ungefähr in der Mitte des Schlitzes in der Taumelschei-
benführung stehen

In Schwebeflugstellung sollen die Umlenkhebel rechtwinklig zu den Gestängen stehen.
Gut erkennbar: Vierpunktanlenkung mit Umlenkhebeln. Die Ausgleichswippen wurden mit
Streben (Pfeil) festgelegt

jegliche Pitchtrimmungen, die in Knüppelmittelstellung wirksam sind. In dieser Stellung sollen die Steuerhebel der beiden Rollservos genau rechtwinklig zu den Steuergestängen zur Taumelscheibe stehen, bei der Drei- und Vierpunktanlenkung natürlich auch das/die Steuerhebel des/der Nickservo(s). Gegebenenfalls müssen die Hebel losgeschraubt und auf der Achse entsprechend verdreht werden. Jetzt können die Gestänge von den Servos zu den Umlenkhebeln so justiert werden, dass die Taumelscheibe ihre zuvor eingestellte Schwebeflugposition beibehält. Die Anlenkpunkte der Gestänge an den Servohebeln werden so gewählt, dass bei vollem Roll- bzw. Nickausschlag die Taumelscheibe gerade nicht durch mechanischen Anschlag an der Hauptrotorwelle blockiert wird; am Anfang reichen auch etwa $^2/_3$ dieses Ausschlags. Man sollte jedoch stets darauf achten, dass Roll- und Nickausschlag gleich groß eingestellt werden, da sich andernfalls im Schwebeflug keine ausgewogene Steuerreaktion ergeben kann.

Beim Direkteinbau der Servos in die Mechanik unterhalb der Taumelscheibe, bei UNI-EXPERT-Mechanik und UNI-Mechanik 2000 serienmäßig, vereinfacht sich die Einstellung insofern, als keine Umlenkhebel vorhanden sind, und sich damit auch die Anzahl der einzustellenden Gestänge verringert. Auch hier bringt man die Taumelscheibe in die Schwebeflugposition und justiert dann Gestänge und Servohebel so, dass bei der beschriebenen Sendereinstellung jeweils Servohebel und Gestänge rechtwinklig zueinander stehen.

Der Pitchanteil des Rotorkopfmischers im Sender wird so eingestellt, dass sich im Normalflug ein Pitch-Verstellbereich von ca. 8 bis 10° ergibt, wobei die Taumelscheibe noch nicht ihre obere Begrenzung erreichen darf, da für die Autorotation der Verstellbereich nach oben erweitert wird, und dafür noch Schiebeweg vorhanden sein muss.

Erst jetzt werden die Gestänge von der Taumelscheibe zu den Mischhebeln der Blatthalter so eingestellt, dass sich im Schwebeflug ein Wert von ca. 2 bis 3° ergibt. Dieser Wert hängt stark von den verwendeten Rotorblättern ab und kann nicht allgemein gültig angegeben werden. Hierbei wird gleichzeitig überprüft, ob die Steuerpaddel wirklich genau parallel zur Taumelscheibe ausgerichtet sind. Gegebenenfalls können die abgewinkelten Gestänge dazu nachjustiert werden, doch immer so, dass das eine Gestänge verlängert und das andere im selben Maße verkürzt wird. Niemals darf nur an einem von den beiden Gestängen gedreht werden, damit nicht die anfangs vorgenommene Einstellung des Pitchkompensators zunichte gemacht wird. Damit ist die Grundeinstellung der Taumelscheibensteuerung abgeschlossen.

Die Vergaseranlenkung erfolgt – wie im Abschnitt über nichtlineare Anlenkungen beschrieben – sehr progressiv, vor allem bei Verwendung des WEBRA-Dynamix-Vergasers. Auch wenn die Fernsteuerungen die Möglichkeit zur Anpassung der Vergaser-Verstellkurve zulassen, sollte man doch versuchen, schon mechanisch wenigstens ungefähr die richtige Verstellcharakteristik zu erreichen und die Feinabstimmung dann elektronisch durchzuführen. Als Umlenkhebel bei der klassischen HEIM-Mechanik verwendet man das mit der Mechanik mitgelieferte Segment, das jedoch entsprechend zugeschnitten werden muss: Man verwendet einen Abschnitt davon, der etwa einem 60°-Kreisbogen entspricht, wobei die

Einstellung des Umlenkhebels für die Vergaseransteuerung
(Beide Gestänge sind innen eingehängt)

↑ *Leerlaufposition*
↓ *Vollgasposition*

Das vom Servo kommende Gestänge wurde ganz außen eingehängt, entsprechend musste das Gestänge auch am Servo weiter außen eingehängt werden. Der Drehwinkel (und
damit der Grad der Progression) bleibt gleich, aber das Spiel wird geringer

Leerlauf

Vollgas

Kugel des Gestänges, das zum Vergaser führt, in der innersten Bohrung festgeschraubt werden sollte, damit sich beim Betätigen des Vergasers ein möglichst großer Drehwinkel des Umlenkhebels im Verhältnis zum Verstellweg ergibt. Der Verstellhebel am Vergaser wird so auf seiner Achse verdreht, dass er in Leerlaufposition waagerecht steht. Als Erstes wird nun das Gestänge zwischen Umlenkhebel und Vergaser so eingestellt, dass bei Vollgasposition der Umlenkhebelarm und das von ihm zum Vergaser führende Gestänge rechtwinklig zueinander stehen. Die Einstellung dieses Gestänges ist endgültig und wird später bei der Justierung der Vergaseranlenkung nicht wieder verändert.

Als Nächstes wird der Steuerhebel auf dem Gasservo so befestigt, dass er in Position „Motor aus" gerade eben den Totpunkt erreicht, d.h. mit dem zum Umlenkhebel führenden Gestänge eine Linie bildet. Dieses Gestänge wird nun eingestellt, indem man das Gasservo in Vollgasposition bringt, der Vergaser ebenfalls vollständig öffnet, und nun die Länge des Gestänges so einstellt, dass es in dieser Position von Servo und Vergaser am Servoarm eingehängt werden kann. Der Servoarm wird ungefähr rechtwinklig zum Gestänge stehen. Jetzt steuert man das Servo langsam in die Position „Motor aus" und achtet dabei darauf, dass der Vergaser wirklich erst in Endstellung des Servos ganz geschlossen ist und nicht schon früher. Besonders beim Dynamix-Vergaser muss darauf geachtet werden, dass der kleine Betätigungshaken des Vergaserschiebers den Schlitz im Schieber keinesfalls verlassen darf. Ist der Betätigungsweg zu klein oder zu groß, muss das Gestänge entsprechend weiter innen oder weiter außen am Servohebel eingehängt werden. Nach jeder Veränderung muss dann zunächst wieder die Vollgasstellung, wie vorher beschrieben, justiert werden. Um unerwünschtes Spiel in der Anlenkung zu verringern, sollten hier die Hebelarme möglichst lang sein; d.h., man befestigt die Kugel des vom Servo kommenden Gestänges möglichst weit außen am Umlenkhebel und verwendet dann einen entsprechend langen Servoarm.

Im Gegensatz zum zuvor beschriebenen WEBRA-Dynamix-Vergaser ist beim OS-60B-Vergaser keine progressive Ansteuerung erforderlich. Hier kann also in der klassischen HEIM-Mechanik eine undifferenzierte Umlenkung verwendet werden; in der UNI-EXPERT-Mechanik und der UNI-MECHANIK 2000 werden Servo-und Vergaserhebel durch das Gasgestänge parallel verbunden.

Die Einstellung der Heckrotorsteuerung hängt davon ab, ob man ein mechanisches oder piezoelektrisches Kreiselsystem verwendet. Bei einem mechanischen Kreisel wird die Heckrotoransteuerung so eingestellt, dass sich ein möglichst großer Steuerweg ergibt; zu verwenden ist also der größte, für das verwendete Servo erhältliche Steuerarm. Gerade ausreichend ist der Steuerweg, wenn die Steuerbrücke des Heckrotors bei Vollausschlag am Sender links und rechts jeweils den mechanischen Endanschlag erreicht, besser ist ein noch größerer Ausschlag, weil der Kreisel den Ausschlag im Flug wieder verringert. Stellt man die Ausschläge größer ein, so darf man natürlich bei am Boden stehendem Hubschrauber keine Vollausschläge mehr steuern, um nicht das Gestänge zu verbiegen oder die Steuerhebel zu beschädigen. In Mittelstellung des Heckrotor-Steuerknüppels soll sich die Steuerbrücke in der Mitte ihres Verstellbereichs auf der Heckrotorwelle befinden.

Bei einem piezoelektrischen Kreiselsystem, beispielsweise beim PIEZO 2000 von Graupner, muss die Grundeinstellung anders vorgenommen werden, weil diese Gyrosysteme eingebaute Begrenzer für die Servoausschläge besitzen, was die Einstellung wesentlich vereinfacht, wenn man einmal das Prinzip verstanden hat. Um die Unterschiede deutlich zu machen, soll zunächst auf die grundsätzlichen Zusammenhänge eingegangen werden.

Bei den Kreiselelektroniken der mechanischen Kreisel handelt es sich durchweg um lineare Mischstufen, die das vom Sender kommende Steuersignal für den Heckrotor in einem einstellbaren Verhältnis linear mischen mit dem Korrektursignal, das der Kreisel erzeugt auf Grund erkannter Bewegungen um die Hochachse. Das Verhältnis dieser Signale zueinander bestimmt die Steuerbarkeit um die Hochachse, wobei die Wirkstärke des Kreisels, die effektiv am Heckrotor ankommt, an Einstellwinkeländerung der Heckrotorblätter in Abhängigkeit von der Drehzahl für die Stabilität um die Hochachse verantwortlich ist, während das Steuersignal des Senders die Geschwindigkeit einer gewollten Bewegung um die Hochachse gegen diese Stabilität bestimmt. Entgegen der weit verbreiteten, aber falschen Auffassung, dass der Kreisel die Lage um die Hochachse steuert, stabilisiert er tatsächlich die Drehgeschwindigkeit um diese Achse, wobei die Ruhelage nur der Sonderfall ist, eben die Drehgeschwindigkeit null.

Kompliziert wird die Abstimmung im Modell dadurch, dass sich die Einstellungen von Kreiselwirkung, Servohebelarm und Steuersignalgröße vom Sender stets gegenseitig beeinflussen, sodass es meist mehrerer Versuche bedarf, bis ein optimales Steuerverhalten erreicht ist, also größtmögliche Stabilität bei maximaler Reaktion auf die Steuerung.

Stellt man beispielsweise, wie es zunächst sinnvoll erscheint, die Ausschläge der Heckrotorsteuerung so ein, dass bei vollem Steuerknüppelausschlag gerade die mechanischen Endanschläge des Heckrotors erreicht werden, so wird die Reaktion auf die Heckrotorsteuerung im Kunstflug unbefriedigend sein, weil der Kreisel bei Einsetzen der Drehung um die Hochachse den Heckrotorausschlag entsprechend der Drehgeschwindigkeit reduziert und somit auch bei Vollausschlag des Steuerknüppels nicht mehr der maximale Heckrotorschub erreicht werden kann. Daher wird man, wie oben beschrieben, das Signal des Steuerknüppels vergrößern, bis auch bei maximal gegensteuerndem Kreisel der Vollausschlag des Heckrotors erreicht wird.

Sinnvollerweise verlängert man dazu zunächst den Servohebel, um einen größeren Ausschlag zu erzielen bei gleichzeitiger Erhöhung der effektiven Steuergeschwindigkeit des Servos. (Da die Stellgeschwindigkeit eines Servos als Winkelgeschwindigkeit des Drehhebels vorgegeben ist, wächst die daraus gewonnene lineare Stellgeschwindigkeit am Gestänge mit der Hebellänge.) Außerdem kann man dann die Kreiselwirkung elektronisch reduzieren, um bei verlängertem Hebel wieder auf dieselbe effektive Wirkung am Heckrotor zu kommen wie zuvor, wodurch sich das Verhältnis von Steuer- zu Kreiselsignal weiter verändert zu Gunsten der Steuerung vom Knüppel aus.

Auf diese Weise lassen sich, nach einigen Versuchen, sehr gute Ergebnisse erzielen, die jedoch den Nachteil haben, dass das Heckrotorservo bei am Boden stehendem Modell, wenn es der Heckrotorsteuerung nicht folgen kann und somit der Kreisel auch nicht gegensteuert, schon bei etwa $^2/_3$ des Heckrotor-Steuerknüppelausschlags durch die mechanischen Anschläge des Heckrotors blockiert wird, und das sogar unterschiedlich nach beiden Seiten. Im Flug ist das allerdings unbedeutend, da hier die Kreiselwirkung den Ausschlag entsprechend reduziert, aber es bedarf schon einiger Erfahrung, um eine optimale Einstellung in dieser Form zu finden.

Ein völlig abwegiger Versuch dieses Problem zu lösen, ist die Verwendung eines so genannten Kreiselmixers („Gyro Control"), der in Abhängigkeit vom Ausschlag des Heckrotorsteuerknüppels die Keiselwirkung reduziert („Kreiselausblendung"). Das nimmt dem Kreisel jede Möglichkeit, die Drehgeschwindigkeit zu stabilisieren und ist geradeso sinnvoll, als wenn man für Kunstflugfiguren den Hilfsrotor abwerfen würde, um besser durch Rollen oder Loopings zu kommen. Derartige Mixer waren von Anfang an blanker Unsinn, auch wenn sie immer noch in jeder neuen Fernsteuerung wieder realisiert werden.

Beim Gyro-System PIEZO 2000 ist es nun gar nicht mehr möglich, einen derartigen Kreiselmixer einzusetzen, da die Reaktion auf eine Veränderung der Kreiselwirkung erst mit einer gewissen Verzögerung erfolgt.

Die einzig vernünftige Lösung ist der Einsatz von Wegbegrenzern für das Heckrotorservo, die ein mechanisches Anlaufen verhindern. Im Gegensatz zu Einstellmöglichkeiten für Ausschlaggrößen wird hier nicht die Steigung einer Steuerkurve verändert; vielmehr bleibt das Servo bei Überschreiten des Begrenzerwertes einfach stehen, geradeso wie es geschieht, wenn es auf einen mechanischen Anschlag aufläuft, nur, dass es hier „freiwillig" stehen bleibt. Diese Begrenzer können sinnvoll nur eingesetzt werden am Ausgang der Kreiselelektronik, unmittelbar vor dem Heckrotorservo, da nur hier beide Komponenten des Steuersignals für den Heckrotor vorliegen, nämlich das Signal vom Sender und das Korrektursignal des Kreisels. Die heute vorhandenen Einstellmöglichkeiten im Sender können naturgemäß nur auf die eine Komponente wirken, das Signal vom Sender, nicht jedoch auf das vom Kreisel generierte Signal, auf das nur über die Empfindlichkeitseinstellung Einfluss genommen werden kann.

Der Vorteil derartiger Begrenzer liegt auf der Hand: Sowohl Kreisel als auch Heckrotorsteuerung können mit nahezu beliebig großen Steuerausschlägen auf das Heckrotorservo einwirken, ohne dass es zu einem mechanischen Blockieren kommen kann bei ungünstiger Überlagerung beider Signale.

Der Graupner PIEZO 2000 besaß nun als erster Kreisel diese Begrenzer für die Maximalausschläge des Heckrotorservos nach beiden Seiten. Der Einsatz dieser Ausschlagbegrenzer liegt bei jeweils 99 bis 105% des Steuerwegs, bezogen auf den Graupner-Sender mc 20.

Die Einstellung ist jetzt sehr einfach, wenn man sich genau an das folgende Schema hält:

1. Im Sender die Trimmung für den Heckrotor auf „0" stellen, Trimmspeicher löschen, Pitchsteuerknüppel in die Mittelstellung bringen, damit der statische Drehmomentausgleich unwirksam ist. Eventuell aktivierte Kreiselmixer deaktivieren. Beim Sender mc 20 kann mit Code 74 (Servoposition) überprüft werden, dass sich der Heckrotorkanal (4) tatsächlich in seiner elektronischen Mittelstellung befindet.

2. Servoausschlag (Code 12 bei mc 18/mc 20) für den Heckrotorkanal (4) auf +/– 150% stellen.

3. PIEZO 2000 und Servo anschließen, Empfangsanlage einschalten, Modell bis zum Abschluss der automatischen Kalibrierung des PIEZO 2000 (Aufleuchten der LED) nicht bewegen. Beim Sender mc 20 kann nun mit Code 74 (Servoposition) überprüft werden, ob bei Betätigung der Heckrotorsteuerung das Servo oberhalb eines Steuerausschlages von ca. 100% stehen bleibt, auch wenn der Steuerknüppel weiter bewegt wird (Begrenzereinsatz).

4. Steuerknüppel in Mittelstellung bringen (Anzeige „0", Code 74), Servohebel so aufsetzen, dass er mit dem Heckrotorgestänge einen rechten Winkel bildet.

5. Heckrotorgestänge so justieren, dass die Heckrotorsteuerung genau in der Mitte zwischen den mechanischen Endanschlägen des Heckrotors steht, unabhängig davon, welchen Anstellwinkel die Heckrotorblätter dabei einnehmen. Gestänge am Heckrotorsteuerhebel ganz außen einhängen (möglichst langer Hebel → geringstmögliches Spiel).

6. Gestänge am Servohebel so einhängen, dass beim Begrenzereinsatz beidseitig gerade der mechanische Endanschlag am Heckrotor erreicht wird (deshalb sollte bei 5. die mechanische, nicht die aerodynamische Mittelstellung zwischen den beiden Anschlägen eingestellt werden).

7. Mit der Servo-Mittenverstellung (Code 15 bei mc 20) jetzt den Heckrotor auf die vorgesehene aerodynamische Mittelstellung (Heckrotorblätter mit Anstellwinkel für den Schwebeflug) bringen, soweit sie nicht mit der mechanischen Mittelstellung ohnehin übereinstimmt.

8. Modell einfliegen. Kreiselwirkung über den Zusatzkanal (7) so einstellen, dass das Modell nicht um die Hochachse pendelt; eine Anpassung an unterschiedliche Drehzahlen kann über entsprechende Mixer im Sender erfolgen, da die Regelstufe für die Kreiselwirkung völlig linear arbeitet. Die Reaktion auf die Heckrotorsteuerung kann über Dual-Rate (Code 13) oder besser Exponential (Code 14) den persönlichen Wünschen angepasst werden.

Bei einer so vorgenommenen Abstimmung ist es in jeder Flugsituation möglich, auch gegen die maximale Kreiselwirkung den Vollausschlag des Heckrotors zu erreichen.

Bei Verwendung des PIEZO 2000 in Verbindung mit anderen Fernsteuersendern als den von Graupner gelieferten muss beachtet werden, dass der Begrenzereinsatz des PIEZO 2000, der beidseitig mit den mechanischen Endanschlägen des Heckrotors zusammenfällt und der Neutralpunkt der Heckrotorsteuerung

(Heckrotorsteuerknüppel in Mittelstellung, Pitch in Schwebeflugstellung) dann elektronisch im Sender so gefunden werden muss, dass die Begrenzung bei $^2/_3$ des Heckrotor-Steuerknüppelausschlags erreicht werden muss, damit das jeweils verbleibende Drittel als Reserve zur Verfügung steht, um gegen die Stabilisierung anzusteuern.

Nach der Montage des Kreisels und der Heckrotoransteuerung prüft man nun zunächst, ob die Steuerung sinngemäß richtig erfolgt, was gegebenenfalls durch „Servo-Reverse" korrigiert werden muss. Dann wird überprüft, ob der statische Drehmomentausgleich (ATS) sinngemäß richtig erfolgt, also bei Pitchvergrößerung die Heckrotorsteuerung in Richtung „links" verstellt wird. Ist das nicht der Fall, dann muss die Mischrichtung des ATS-Mixers umgekehrt werden. Das „Servo-Reverse" hätte zwar scheinbar die gleiche Wirkung, nur wäre dann die Steuerung vom Steuerknüppel her wieder „seitenverkehrt".

Abschließend wird noch überprüft, ob der Kreisel sinngemäß richtig arbeitet. Das lässt sich am einfachsten durchführen, wenn die Kreiselmechanik noch nicht in den Hubschrauber eingebaut ist. Man stellt den laufenden Kreisel neben das Modell auf den Tisch. Nun steuert man am Sender den Heckrotor nach links und merkt sich die Richtung, in die das Heckrotorservo dabei ausschlägt. Als Nächstes wird der Kreisel auf der Tischplatte ruckartig nach rechts gedreht, also von oben gesehen im Uhrzeigersinn. Jetzt muss das Heckrotorservo in die gleiche Richtung ausschlagen wie zuvor beim Linkssteuern; andernfalls muss die Kreiselwirkung umgepolt werden. Manche Kreisel besitzen hierzu einen Umpolschalter, einige müssen auch nur einfach auf den Kopf gestellt werden. Das senderseitige Servo-Reverse hat auf diese Einstellung natürlich keinen Einfluss. Hat man den Kreisel schon im Modell eingebaut, so muss statt des Kreisels der ganze Hubschrauber entsprechend ruckartig bewegt werden; zur besseren Erkennbarkeit des Servoausschlags sollte dazu die Kreiselwirkung maximal eingestellt werden.

Da HEIM-Hubschrauber eine sehr gute Heckrotorwirkung haben, sollte die Kreiselwirkung vor dem ersten Flug nicht zu groß gewählt werden, um ein Pendeln um die Hochachse zu vermeiden. Im Allgemeinen reichen 30 bis 40% Kreiselwirkung völlig aus.

Hat man all diese beschriebenen Einstellungen gewissenhaft durchgeführt, so steht dem Einfliegen des Modells nichts mehr im Wege. Nach einer gewissen Übung ist jeder in der Lage, ein neues Modell zu Hause so weit einzustellen, dass auf dem Flugfeld lediglich noch eventuell der Blattspurlauf am Modell nachgestellt werden muss; alle anderen Einstellungen liegen dann im normalen Einstellbereich der entsprechenden Optionen im Sender, sodass das Modell im Laufe einer einzigen Tankfüllung vollständig eingeflogen werden kann.

1.7 Veränderungen

Die HEIM-Mechanik selbst, obgleich in der gelieferten Ausführung durchaus funktionsfähig, stellt eine Basis für technische Weiterentwicklungen mit den unterschiedlichsten Zielsetzungen dar. Diese lassen sich wie folgt beschreiben:

1. Verbesserung der Funktionsfähigkeit einzelner Komponenten

2. Verringerung des Verschleißes bestimmter Einzelteile

3. Optimierung der Flugeigenschaften und -leistungen

4. Entwicklung neuer Rotorsysteme, z.B. Mehrblattrotoren

Da bekanntlich jedes in den Handel gebrachte Hubschraubermodell einen Kompromiss darstellen muss zwischen dem, was technisch möglich ist und dem Preis, den jemand für einen Baukasten bezahlen will, eröffnet sich hier ein weites Feld für Detailverbesserungen. Vor allem Ewald Heims Prinzip, jeweils nur den geringstmöglichen Aufwand zu treiben, hat dazu geführt, dass von verschiedener Seite so genannte Tuning-Teile angeboten werden, die gegen die Originalteile ausgetauscht werden können. Die Vielzahl dieser Teile erweckt bei Anfängern leicht den Eindruck, dass in diesen Teilen der Erfolg der Experten zu suchen ist und dass sie für eine einwandfreie Funktion des Modells unbedingt erforderlich wären. Dass dem nicht so ist, hat nicht zuletzt Ewald Heim selbst unter Beweis gestellt, der immer mit serienmäßigem Material geflogen ist. Dennoch hatten diese Tuningteile ihre berechtigte Funktion dort, wo sie erkennbare Schwächen des Modells beseitigten oder einfach eine an sich schon gute Konstruktion noch perfektionierten. Da das mit erheblichen Kosten verbunden sein kann, muss jeder für sich selbst entscheiden, ob die geplanten Verbesserungen oder auch nur Veränderungen den dafür aufzuwendenden Preis rechtfertigen. Hinzu kommt noch, dass ein großer Teil der Tuningmaßnahmen im Laufe der Zeit doch in die Serienfertigung eingeflossen ist oder noch einfließen wird. Unter diesen Gesichtspunkten sind dann auch die folgenden Ausführungen zu sehen.

1.7.1 Axiallager für den Rotorkopf

Neben einer kugelgelagerten Kupplung wird bei älteren HEIM-Hubschraubern sicher die Nachrüstung des Rotorkopfs mit Druckkugellagern die erste Modifikation sein, die man vornehmen kann und sollte. Aus unerklärlichen Gründen besaß der Rotorkopf nämlich lange Zeit keine derartigen Lager, die die Fliehkräfte der Rotorblätter aufnehmen, woraus eine Schwergängigkeit der Blattverstellung unter Last – also im Flug – resultierte, ebenso eine Verzögerung der zyklischen Steuerung bei großen Ausschlägen in Drehrichtung des Rotors. Das führte dazu, dass beispielsweise die Nicksteuerung dann nicht mehr exakt um die Querachse wirkte, sondern leicht diagonal, wodurch das Modell keinen sauberen Looping flog. Dieses Herausdrehen aus dem Looping wurde dadurch kompensiert, dass der Pitchkompensator asymmetrisch gestaltet wurde, um eine entsprechende Verdrehung der Taumelscheibe zu bewirken. Streng genommen wurde hier also ein Konstruktionsfehler durch einen anderen Fehler weitgehend ausgeglichen, doch wirkte nun die Taumelscheibensteuerung bei kleinen Ausschlägen diagonal anstatt nur bei großen Ausschlägen; außerdem führte die Schwergängigkeit der Blattverstellung zu erhöhtem Verschleiß an Taumelscheibe, Umlenkungen, Servos und überhaupt der gesamten Anlenkung. Vor allem nach längerer Betriebszeit konnte es vorkommen, dass nur die Hälfte der Steuerausschlaggrößen im Flug wirksam wurde, die man vorher im Stand eingestellt hatte. Abhilfe schaffen hier die nachrüstbaren Drucklager, doch darf man dann nicht vergessen, auch die nun störende Taumelscheiben-Vordrehung wieder zu beseitigen. Die Praxis hat gezeigt, dass man bei diesem Rotor bei einwandfreier Blattlagerung und Verwendung guter GfK-Blätter keinerlei Verdrehung der Taumelscheibe in irgendeine Richtung benötigt. Verwendet man statt des serienmäßigen Pitchkompensators die von verschiedenen Herstellern angebotene Ausführung zur Montage auf der Paddelstange, so kann die Taumelscheibe mit dem separaten Taumelscheibenmitnehmer eingestellt werden, andernfalls erweist sich eine im Sender vorhandene virtuelle Taumelscheibenverdrehung als hilfreich.

Seit einiger Zeit hat sich hier allerdings auch bei der Serienausführung der HEIM-Mechanik etwas geändert: Für die bisherigen „langen" Blatthalter gibt es einen Nachrüstsatz, die PROFI-TUNING-Mechanik und die UNI-EXPERT-Mechanik enthalten serienmäßig Drucklager im Hauptrotorkopf. Außerdem ist der von Graupner als Nachrüstteil angebotene kugelgelagerte Pitchkompensator wieder völlig symmetrisch ausgelegt, und auch von der einfachen, nicht kugelgelagerten Version gibt es inzwischen eine symmetrische Ausführung.

1.7.2 Heckrotor-Wellenkupplung

Die bekannte Schnellkupplung für die Heckwelle trägt wesentlich zur Servicefreundlichkeit des HEIM-Systems bei, ermöglicht sie doch den unproblematischen Ein- und Ausbau der Mechanik. Dennoch wies ihre ursprüngliche konstruktive Ausführung einen gravierenden Nachteil auf: Sie erzeugte Knackimpulse in einem Maße, wie sonst kaum etwas im Hubschrauber. Knackimpulse entstehen immer dann, wenn zwei verschiedene Metalle aufeinander reiben können; das allein ist jedoch noch nicht so gefährlich, wenn diese Impulse nicht zusätzlich noch eine „Antenne" finden, die sie abstrahlt. Genau das war aber hier der Fall: Die Heckwelle aus 2 mm starkem Federstahl rieb im Betrieb in einer Aluminiumklaue; zusätzlich hat diese Welle eine der Empfangsantenne vergleichbare Länge. Das ergibt optimale Abstrahlbedingungen für die Knackimpulse, und man musste mit erheblichen Empfangsstörungen rechnen, wenn die Empfängerantenne in die Nähe der Heckwelle kam. Dabei spielte es keine Rolle, ob eine PCM- oder PPM-Fernsteuerung zum Einsatz kam; gestört werden beide in gleichem Maße, nur die Reaktion auf diese Störungen ist unterschiedlich. Während der Pilot bei der PPM-Fernsteuerung durch mehr oder weniger kurzzeitige „Wackler" sofort aufmerksam wird, scheint bei der PCM-Fernsteuerung das Modell träge und unpräzise in der Steuerung zu sein, wodurch zeitweise Gerüchte über eine unzureichende Auflösung dieser Anlagen entstanden sind. Tatsächlich handelte es sich aber meist um eine erhebliche Belastung der Empfangsanlage mit selbst erzeugten Störungen durch Knackimpulse.

Man kann diesen Effekt nun dadurch mildem, dass die Kupplung ganz mit grafithaltigem Fett gefüllt und vorher die Stahlwelle sorgfältig entgratet wird; außerdem sollte man generell die Empfangsantenne aus dem Bereich der Heckwelle fern halten, indem man sie entweder senkrecht nach unten hängen lässt oder sie in einem Kunststoffrohr im Rumpfvorderteil verlegt. In der Serie wurde dieses Problem inzwischen dadurch beseitigt, dass man die Schnellkupplung aus einem Stück vollständig aus Stahl herstellt, sodass jetzt nur noch Stahl auf Stahl reiben kann, nicht mehr Stahl auf Aluminium; als Folge davon ist die Erzeugung von Knackimpulsen durch die Kupplung jetzt vernachlässigbar geworden.

1.7.3 Propellermomentgewichte

Genau wie beim Haupt- ist es auch beim Heckrotor für eine unverzögerte und kontinuierliche Steuerung der Blattwinkel erforderlich, dass sich die Rotorblätter möglichst momentfrei bewegen lassen, also einer angreifenden Steuerkraft möglichst wenig Widerstand entgegensetzen. Gerade beim Heckrotor kann man jedoch beobachten, dass die Rotorblätter, wenn man das Steuergestänge aushängt, einen bestimmten Anstellwinkel einnehmen, der von verschiedenen konstruktiven Faktoren abhängt. Von diesem Einstellwert lassen sich die Rotorblätter nur mit mehr oder weniger großem Kraftaufwand abbringen. Dieses „Mehr oder Weniger" jedoch bestimmt in bislang kaum beachtetem Ausmaß die Steuerbarkeit und die Stabilität um die Hochachse. Je größer die für die Heckrotorsteuerung benötigte Kraft nämlich ist, umso größer wird auch die Verzögerung in der Steuerwirkung sein, und das beeinflusst wiederum negativ die Wirkung des Heckrotorkreisels. Man muss also erreichen, dass diese Stabilität, die das „Einrasten" des Heckrotors auf diesen bestimmten Einstellwinkel bewirkt, auf irgendeine konstruktive Weise verringert oder gar beseitigt wird.

Bei den manntragenden Hubschraubern treten ähnliche Probleme auf, und man löst sie dort mit so genannten Propellermomentgewichten, die an Haupt- und Heckrotorblättern befestigt werden und einem auf den ersten Blick nicht zu durchschauenden Funktionsprinzip gehorchen. Es handelt sich dabei um Gewichte, die senkrecht ober- oder unterhalb des Blattanschlusses angebracht und mit dem Blatt (oder Blatthalter) starr verbunden sind.

Wenn sich nun der Rotor dreht, versuchen diese Gewichte auf Grund der Fliehkraft eine Bahn möglichst weit vom Zentrum entfernt einzunehmen (Zentrifugalkraft), was ihnen jedoch nur möglich ist, wenn das Rotorblatt seinen Einstellwinkel nach der einen oder anderen Seite verändert; die unerwünschte Neutrallage des Blattes stellt für das Propellermomentgewicht die Bahn mit dem geringsten Abstand zum Zentrum dar; es wird daher auf das Blatt eine Kraft ausüben, die den Kräften entgegenwirkt, die es auf diesen Einstellwinkel einrasten lassen. Die Größe dieser Gegenkraft hängt ab von der Masse des Propellermomentgewichtes und von seinem Hebelarm. Durch Variation des Hebelarms (Gewindestange) lassen sich die gewünschten Pedal- und Steuerknüppelkräfte einstellen *(Abb. 1.7.3.1).*

Die praktische Ausführung der Propellermomentgewichte für den Heckrotor

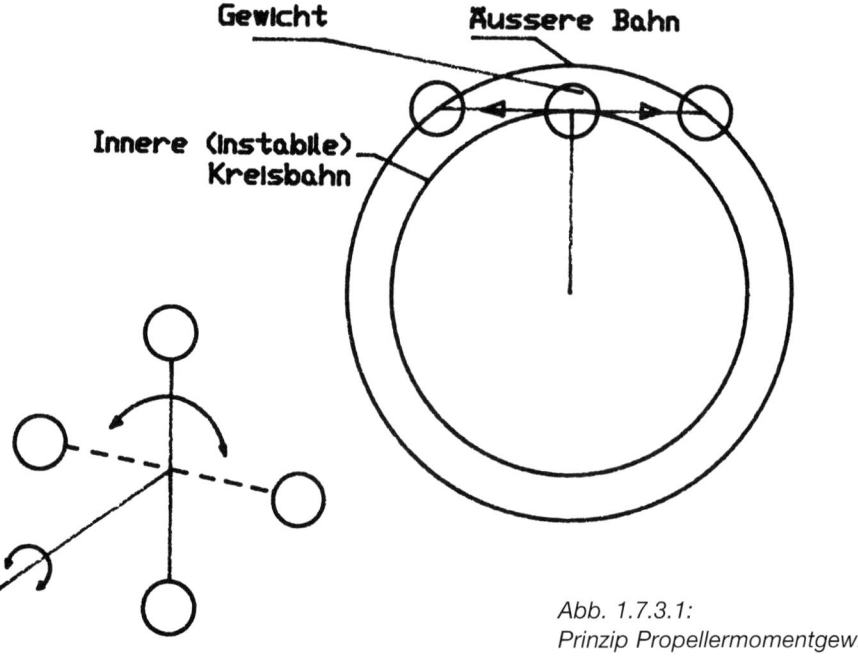

Gewicht

Äussere Bahn

Innere (instabile) Kreisbahn

Abb. 1.7.3.1:
Prinzip Propellermomentgewichte

Auch beim Modellhubschrauber lassen sich derartige Maßnahmen zur Verbesserung der Heckrotorsteuerung mit Erfolg durchführen, und für die Modelle mit HEIM-Mechanik liegen bereits reproduzierbare Ergebnisse vor, die auf einer Reihe von systematischen Untersuchungen von Günter Knipprath basieren, der sich dafür einen speziellen Prüfstand gebaut hat. An den normalen Holz-Heckrotorblättern, die übrigens nur 6 mm statt 8 mm von der Blattvorderkante entfernt ihre Befestigungsbohrung erhalten dürfen, sind nur geringfügige Modifikationen vorzunehmen: Ihre Befestigungsschrauben ersetzt man durch längere Gewindestangen, auf die dann oben und unten jeweils eine MS-Stahl-Sechskantmutter und darüber noch eine Stoppmutter zur Blattbefestigung montiert werden. Die Gewindestangen sollten dann oben und unten noch ca. 3 mm überstehen. Alles zusammen ist kaum aufwändiger als die normale Befestigung der Blätter; die so entstandenen Propellermomentgewichte verbessern jedoch deutlich das Ansprechen auf die Heckrotorsteuerung.

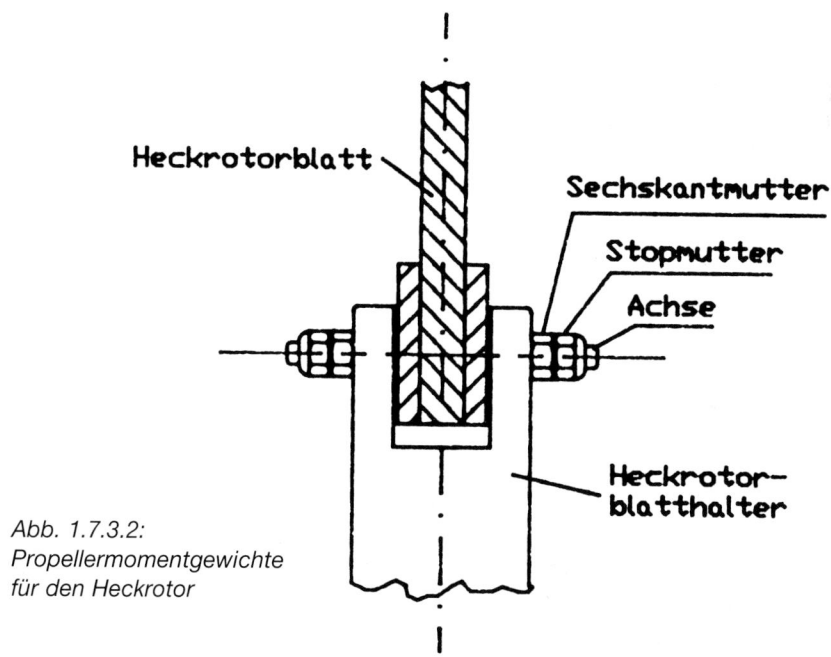

Abb. 1.7.3.2:
Propellermomentgewichte
für den Heckrotor

1.7.4 Mehrblatt-Heckrotoren

In erster Linie für vorbildähnliche Hubschraubermodelle sind die Umrüstsätze für Drei- und Vierblatt-Heckrotoren bestimmt, die von verschiedenen Herstellern angeboten werden. Neben dem vorbildgetreuen Aussehen haben sie vor allem den Vorteil der größeren Laufruhe und natürlich, bei gleichem Durchmesser, eine kräftigere Wirkung. Dem stehen als Nachteil ein höheres Gewicht und die Notwendigkeit, die auftretenden höheren Steuerkräfte, wie oben beschrieben, mit Propellermomentgewichten auszugleichen gegenüber. Es hat Überlegungen gegeben, ob nicht ein Dreiblatt-Heckrotor bei gleicher Wirkungsstärke wie ein Zweiblattrotor einen höheren Wirkungsgrad besitzen müsste, da die Blätter nicht

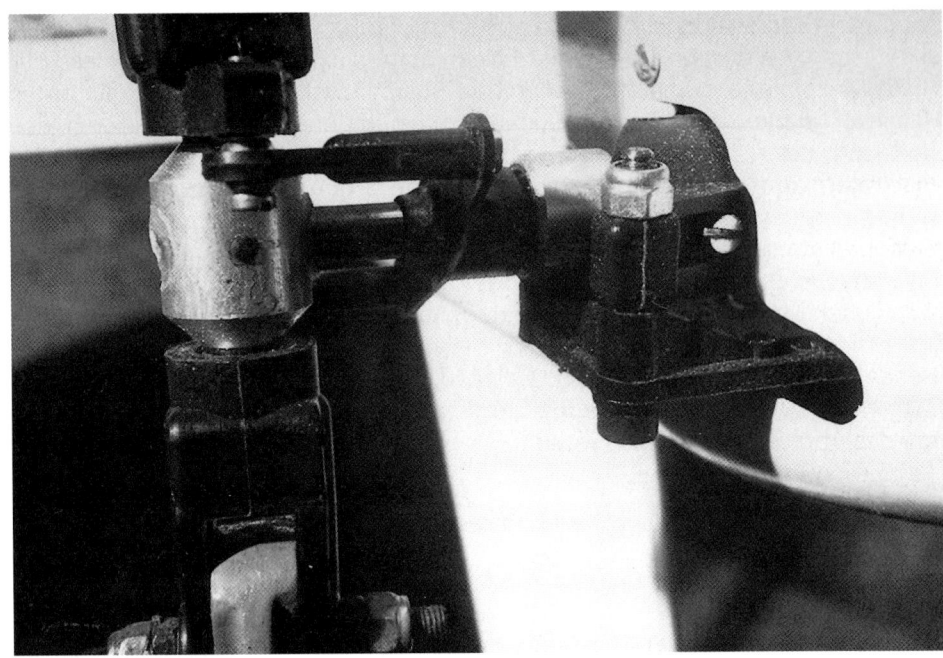

Wer die Betriebssicherheit des Heckrotors weiter erhöhen möchte, kann die M2-Schraube, auf der der Steuerhebel gelagert ist, durch eine MS-Inbusschraube mit Schaft ersetzen, wobei der Hebel dann (ohne die Messingbuchse) direkt auf dem Schaft läuft. In das Heckrotorgehäuse wird ein M3-Gewinde geschnitten und die Schraube mit einer Stoppmutter gekontert

so weit angestellt werden müssen. Dem entgegen steht allerdings eine Verschlechterung des Wirkungsgrads bei Erhöhung der Blattzahl, sodass sich, wie auch praktisch erprobt, die Vorteile gegen die Nachteile wieder aufheben. Für bestimmte Modelle jedoch, beispielsweise die BELL TWIN 400, bei der der Heckrotor in einem Ring mit vorgegebenem Durchmesser läuft, stellt der Mehrblatt-Heckrotor eine Lösung dar, dem Modell trotz verringertem Heckrotordurchmesser oder einem Modell mit zu kurzem Heckausleger eine im praktischen Flugbetrieb ausreichende Heckrotorwirkung zu verleihen.

1.7.5 Schwingmetalle

Die klassische HEIM-Mechanik wird im Rumpf an vier Punkten befestigt: Die hinteren beiden Befestigungspunkte befinden sich an den Mechanik-Seitenteilen aus Kunststoff, die vorderen Befestigungspunkte sind die seitlichen Laschen des Extremkühlkopfes. Hier waren ursprünglich zur Befestigung Schwingmetalle vorgesehen, die gleichzeitig den Eindruck erwecken, eine Vibrationsdämpfung zu bewirken. Diesen Eindruck konnten sie jedoch nur bei höchst oberflächlicher

Betrachtungsweise aufrechterhalten; bei genauer Betrachtung stellen sie sich als höchst unnütz, ja sogar schädlich heraus. Grundsätzlich lässt sich eine schwingungsentkoppelte Aufhängung eines Motorblocks oder ähnlicher Aggregate in einer Zelle nur dann realisieren, wenn die ruhende Masse dieses Aggregats groß genug ist, um die durch die bewegte Masse erzeugten Schwingungen zu absorbieren. Das ist jedoch hier nicht der Fall. Da außerdem ohnehin schon eine starre Verbindung zum Rumpf über die hinteren Befestigungspunkte besteht, könnte eine gedämpfte Aufhängung vorn auch nichts mehr ausrichten. Es findet hier höchstens noch eine Schwingungstransformation auf eine andere Frequenz statt; auf welche bleibt dem Zufall überlassen und lässt sich nicht vorhersagen. Heikel wird es aber, wenn diese so transformierten Schwingungen mit dem Rumpf in Resonanz geraten, was grundsätzlich bei jedem Rumpf auftreten kann, der nicht, wie STAR RANGER und BELL 222, einen absolut starren, in sich geschlossenen Spantenkasten besitzt, sondern die Spanten einfach in der Rumpfschale verklebt hat.

Bekanntestes Opfer dieser Resonanzerscheinungen, hervorgerufen durch die Schwingmetalle, war seinerzeit die WiK BO 105 Expert. Der GfK-Rumpf neigte mit seinen ebenen Übergängen in den Heckausleger ohnehin zum Schwingen, war aber normalerweise dennoch brauchbar. Geriet der Rumpf jedoch mit den Mechanikschwingungen in Resonanz, so wurde das Modell im Flug fast unsteuerbar, verlor meist die Kabinenhaube und alle Scheiben und brach nicht selten in der Luft auseinander. Bei anderen Rümpfen sind ebenfalls unberechenbare Vibrationserscheinungen aufgetreten, wenn auch nicht so extrem wie bei der BO 105. Immer haben sich die Schwingmetalle als Ursache herausgestellt, und nach dem Auswechseln gegen Aluklötzchen oder Polyamid-Distanzstücke sind diese Probleme nicht wieder aufgetreten. Es kann daher nur dringend geraten werden, die Schwingmetalle durch einen starren Einbau der Mechanik zu ersetzen, so wie es inzwischen bei der Profi-Tuning-Mechanik Serienstandard geworden ist.

1.7.6 Getriebeübersetzung

Gelegentlich kommt der Wunsch auf, in das HEIM-System einen stärkeren Motor einzubauen, der sein Leistungsoptimum bei geringeren Drehzahlen erreicht als die vorgesehenen 10-cm³-Motoren. Man lässt sich dann von der Vorstellung leiten, der hubraumstärkere Motor würde den Rotor auf Grund seines höheren Drehmoments auch bei niedrigerer Motordrehzahl durchziehen und ändert die Übersetzung entsprechend. Dabei vergisst man jedoch, dass eine Verringerung der Motordrehzahl gleichzeitig auch eine Reduzierung des Kühlluftdurchsatzes bedeutet. Da ein hubraumstärkerer Motor außerdem mehr Wärme erzeugt, die abgeführt werden muss, sein größeres Gehäuse aber den Kühlluftstrom zusätzlich reduziert, sind thermische Probleme nicht auszuschließen. Hier bieten die inzwischen erhältlichen Dreiblatt-Lüfterflügel Vorteile, da hiermit auch bei verringerter Motordrehzahl ein ausreichender Kühlluftdurchsatz erzielt werden kann.

1.7.7 Paddelstange

Bei jedem Hubschrauber mit Hilfsrotor kommt der Abstimmung dieses Hilfsrotors mit dem Hauptrotor mehr Bedeutung zu als gemeinhin angenommen wird. Vereinfachend geht man nämlich meist davon aus, dass der Hilfsrotor eine bestimmte Wirkung auf den Hauptrotor ausübt und übersieht dabei, dass umgekehrt auch der Hauptrotor den Hilfsrotor beeinflusst oder sich zumindest der Beeinflussung durch den Hilfsrotor widersetzt. In welchem Maße diese gegenseitige Beeinflussung auftritt, hängt von sehr vielen Faktoren ab, beispielsweise von Gewicht und Abmessungen der Hauptrotorblätter, von ihrer aerodynamischen und statischen Beschaffenheit, von der Drehzahl und vor allem von Gewicht und aerodynamischer Wirksamkeit des Hilfsrotors. Bekanntlich wird zur Steigerung der Lagestabilität bei Hubschraubern mit kombinierter Bell/Hiller-Steuerung oft mit zusätzlichen Gewichten auf der Paddelstange experimentiert, welche die Kreiselkräfte des Hilfsrotors erhöhen, und man kann so recht brauchbare Abstimmungen erreichen. Erkauft wird diese höhere Stabilität durch eine langsamere Steuerreaktion. Beim HEIM-System hat man nun aber noch einen begrenzten Spielraum für eine andere Methode, um die Kreiselkräfte zu erhöhen, ohne zusätzliche Gewichte anzubringen, nämlich die Möglichkeit, die Paddelstange zu verlängern. Hiermit bewirkt man gleich mehrere Effekte: Die Verlagerung der für die Kreiselkräfte relevanten Massen (Hilfsflügel) erhalten einen größeren Abstand vom Mittelpunkt, wodurch die Zentrifugalkraft und damit auch das Beharrungsvermögen des Kreisels größer wird. Außerdem wird der Hebelarm länger, der dem Hilfsrotor zur Verfügung steht, um auf den Hauptrotor einzuwirken, was zu geringeren Rückwirkungen vom Hauptrotor auf den Hilfsrotor und damit zu geringeren Steuerverzögerungen führt. Da zudem die aerodynamische Wirkung der Hilfsflügel größer wird, weil sie auf dem größeren Hilfsrotordurchmesser bei gleicher Drehzahl eine höhere Bahngeschwindigkeit erhalten, entsteht eine höhere Flugstabilität des Rotors, ohne dass sie mit einer gleichermaßen gesteigerten Steuerträgheit erkauft werden muss. Allerdings ist für diese Verlängerung der Paddelstange nur ein gewisser Spielraum gegeben; übertreibt man es, so treten dieselben negativen Effekte in Erscheinung wie bei der Montage zusätzlicher Gewichte. Als Optimum für einen HEIM-Hubschrauber hat sich eine Länge der Paddelstange selbst von 50 cm ergeben, bei der man eine deutliche Verbesserung der Flugstabilität erkennen kann, ohne merkliche Steuerverzögerung. Voraussetzung für die Verlängerung der Paddelstange ist allerdings, dass ihre Ansteuerung möglichst spielfrei zu Stande gebracht wird, sonst wird die angestrebte Verbesserung wieder aufgehoben. Da das mit dem serienmäßigen Pitchkompensator sehr schwierig ist, sollte man in dem Fall dann den Einsatz der von verschiedenen Herstellern angebotenen Pitchkompensatoren zur Montage auf der Paddelstange in Erwägung ziehen. Außerdem kann bei dieser Gelegenheit die Paddelstange gleich aus 4 mm starkem Federstahl angefertigt werden weil sie dann nicht so leicht verbogen werden kann. Das ist problemlos möglich, wenn man die Enden der Paddelstange zunächst mit einer Gasflamme ausglüht und sie dann langsam wieder abkühlen lässt. Nicht abschrecken! Das Gewinde kann dann vorsichtig mit einem guten Schneideisen geschnitten werden; sehr gut funktioniert das beispielsweise mit den von

Zwei Ausführungen
des Pitchkompensators.
Oben die serienmäßige
Ausführung, die auf der
Hauptrotorwelle gleitet
und gleichzeitig Taumel-
scheibenmitnehmer ist.
Unten die Ausführung
zur Befestigung auf der
Paddelstange, bei der
ein separater Taumel-
scheibenmitnehmer
benötigt wird

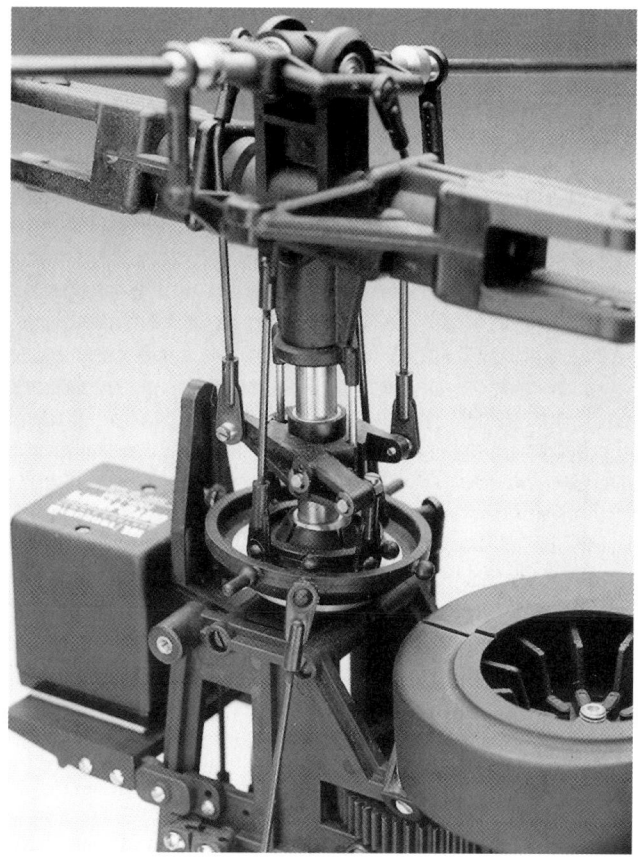

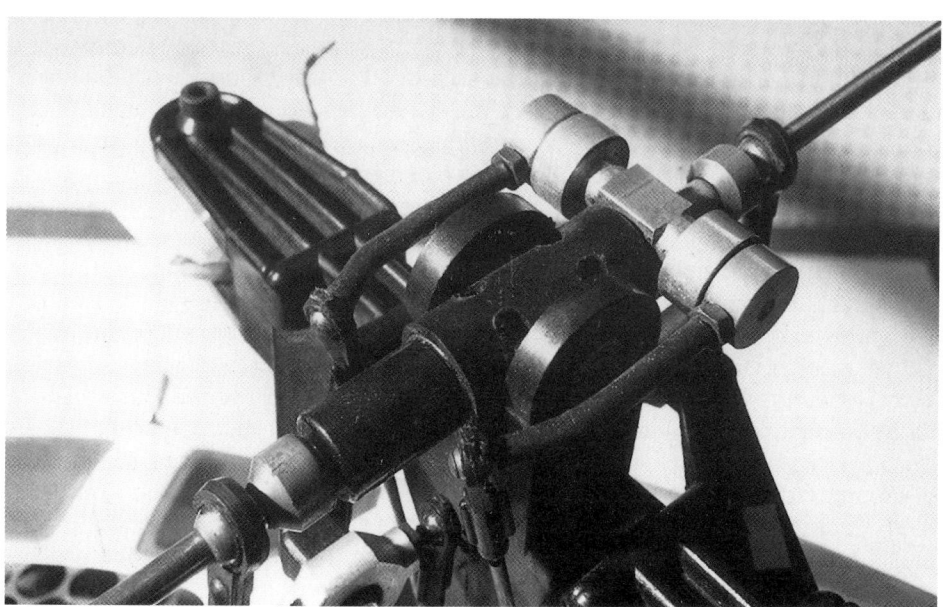

WEBRA vertriebenen Schneideisen, ansonsten sollte man die Qualität HSSE bevorzugen.

Die im Laufe der Zeit gestiegenen Ansprüche bezüglich der Schwebeflugstabilität einerseits und des Kunstflugverhaltens andererseits machten auch für Ewald Heim eine Modifikation des Hilfsrotors unumgänglich, und die inzwischen zum Serienstandard avancierte Lösung ist ebenso wirksam wie unauffällig: Bei gleich bleibendem Hilfsrotordurchmesser wurde die Hilfsrotorfläche gleichermaßen vergrößert wie das Gewicht der Paddel. Damit erhöht sich die Kreiselenergie des Hilfsrotors für stabileres Schweben, wobei gleichzeitig für gewollte Lageänderungen des Rotors im Kunstflug die für die Bewegung des schwereren Hilfsrotors erforderliche, höhere Kraft durch die größeren, aerodynamisch wirksamen Flächen bereitgestellt wird. Mit dieser Hilfsrotorauslegung, bei welcher nach wie vor der normale Pitchkompensator auf der Hauptrotorwelle verwendet wird, scheint für einen universell einsetzbaren Hubschrauber ein gewisses Optimum erreicht worden zu sein – im Kompromiss zwischen ruhigem Schwebeflug und ausreichender Wendigkeit im Kunstflug. Darüber hinaus ist dieser Rotor in wesentlich geringerem Maße von der exakten Schwerpunktlage, Aufhängung und Trimmung der Rotorblätter abhängig als die ursprünglichen, zuvor beschriebenen Varianten des Hiller-Rotorsystems, sodass jetzt mit den meisten heute angebotenen GfK- und CfK-Rotorblättern ein einwandfreier Geradeausflug auch bei hoher Geschwindigkeit erreicht werden kann, ohne Unterschneiden oder Ausbrechen nach irgendeiner Seite.

1.7.8 Hauptrotorblätter

Von Beginn der Modellhubschrauberentwicklung an verwendete man Hauptrotorblätter aus schichtverleimtem Holz, und bisher werden auch die meisten Hubschrauberbausätze serienmäßig zunächst einmal damit geliefert. Die Standardausführungen sind rechteckig, symmetrisch profiliert, ohne geometrische Schränkung und bestehen normalerweise aus 4 Lamellen Hart- und 4 Lamellen Balsaholz. Dieser Aufbau in Lamellen, bei denen das Rotorblatt so aussieht, als ob es aus einzelnen Leisten zusammengesetzt ist, hat gegenüber den frühen Ausführungen der Rotorblätter aus nur einer Hartholz- und einer Balsaholzschicht den Vorteil, dass sich die in einem gewachsenen Material immer vorhandenen Unregelmäßigkeiten und Spannungen in den einzelnen Lamellen gegeneinander ausgleichen und die Rotorblätter eine gleichmäßigere Qualität aufweisen als das früher üblich war. Man kann daher zum Beispiel generell davon ausgehen, dass bei ungefähr gleich schweren Blättern auch die Blattschwerpunkte übereinstimmen und keiner Korrektur mehr bedürfen. So ist es nicht verwunderlich, dass mit diesen verhältnismäßig preiswerten Rotorblättern recht brauchbare und auch leidlich reproduzierbare Flugleistungen erreicht werden. Das kann jedoch nicht darüber hinwegtäuschen, dass diese Blätter von Wirkungsgrad und Steuereigenschaften her sehr weit vom Optimum entfernt sind. Hauptproblem ist die kaum zu erreichende korrekte Blattschwerpunktlage. Das führt dazu, dass sich diese Rotorblätter bei Rotation nicht so ausrichten, wie es für eine momentfreie Steuerung des Blattwinkels erforderlich wäre. Diese ist nämlich nur dann gewährleistet, wenn Blattschwerpunkte, Auftriebsmittelpunkte und Drehachsen beider Blätter auf einer Linie liegen. Bei den betrachteten Holzblättern liegt aber der Schwerpunkt deutlich hinter dem Auftriebsmittelpunkt, wodurch sich diese Blätter nun im Betrieb so ausrichten, dass die Blattspitzen in Bewegungsrichtung voreilen, woraus eine aerodynamische Instabilität resultiert. Das führt nun neben einer Neigung zum Flattern dazu, dass die Blätter das Bestreben haben, ihren Einstellwinkel zu vergrößern; alles vorhandene Spiel und alles federnde Nachgeben der Anlenkung wird dabei ausgenutzt. Das fällt nicht auf, solange sich diese Vorgänge ausschließlich im positiven Pitchbereich abspielen. Bei den Modellen mit HEIM-Mechanik werden jedoch, wie bei den meisten modernen Hubschraubermodellen, die Blätter auch in negative Pitchbereiche gesteuert, und zwar sowohl kollektiv als auch zyklisch. Auf Grund der zuvor beschriebenen Verhältnisse wirkt nun das Blatt einer Steuerkraft entgegen, die den Einstellwinkel verringern will, um dann unmittelbar nach dem Nulldurchgang des Einstellwinkels diese Kraft plötzlich noch in Richtung zu negativen Einstellwinkeln hin zu verstärken. In umgekehrter Richtung tritt dann wieder der gleiche Sprung im Pitch in der Nähe des Nulldurchgangs auf. Bei der zyklischen Steuerung, wo diese Sprünge im Blattwinkel nur bei großen Steuerausschlägen im Vorwärtsflug mit geringem kollektivem Pitch auftreten, also beispielsweise beim Rollenfliegen, erzeugt das starke Vibrationen und Spurlauffehler, die jedoch in diesen Flugsituationen meist nicht erkannt werden; oft hat man sich auch schon an die lauteren Blattgeräusche bei solchen Manövern gewöhnt. So fällt es dann nicht auf, dass hier viel mehr Antriebsleistung verbraucht wird als eigentlich erforderlich, und der höhere Verschleiß aller Komponenten des Modells lässt sich ohnehin erst später ermitteln. Was jedoch auffällt, ist der Sprung im Blattwinkel bei Zurücknahme des Kollektivpitch bei steilen Anflügen und ähnlichen Flugbewegungen. Hier tritt in dem Bereich um 0° Pitch eine Verzögerung in der Modellreaktion ein, der Hubschrauber scheint zunächst nicht stärker fallen zu wollen, um dann, bei weiterer Pitchverringerung, plötzlich durchzufallen und gleich viel schneller zu sinken. Beim Abfangen geschieht dasselbe in umgekehrte Richtung, das heißt, zunächst kaum Reaktion auf Pitch, dann aber wieder zu kräftig. Diese Effekte treten besonders bei serienmäßiger Taumelscheibenanlenkung über lange, federnde Gestänge und Umlenkhebel in Erscheinung.

Besserung bringen hier geschränkte Rotorblätter. In der Werbung wird bei diesen Blättern vor allem deren höherer Wirkungsgrad wegen gleichmäßigerer Auftriebsverteilung herausgestellt, was sich jedoch in der Praxis kaum nachweisen ließ. Positiv bemerkbar macht sich viel mehr, dass der Nulldurchgang bei diesen Blättern weicher und kontinuierlicher erfolgt als bei ungeschränkten Rotorblättern. Weil sich der Einstellwinkel von der Blattwurzel aus gleichmäßig nach außen hin verringert, geraten auch die Blattspitzen bei Verringerung der Blattanstellung zuerst in den negativen Pitchbereich, während der Rest des Blattes noch im positiven Bereich bleibt. Die beschriebenen Kräfte, die jeden von 0° abweichenden Anstellwinkel vergrößern wollen, heben sich also zum Teil im Nulldurchgang gegeneinander auf, sodass die sprunghaften Pitchänderungen, wie bei den geraden Blättern, nicht auftreten. Da dieser kontinuierliche Nulldurchgang natürlich auch bei zyklischer Steuerung auftritt, wodurch hier auch nicht der erhöhte Leistungsbedarf im Kunstflug entsteht, stellt man tatsächlich einen höheren Wirkungsgrad dieser Blätter fest; allerdings nicht wegen gleichmäßigerer Auftriebsverteilung, sondern weil hier nicht die zeitweiligen Spurlauffehler und Vibrationen auftreten. Außerdem gelingt die Abstimmung von Motor und Pitch wesentlich besser, da der Leistungsbedarf mit dem Anstellwinkel kontinuierlich und stetig ansteigt, ohne größere Sprünge. So hatten sich diese geschränkten Holzblätter in den 80er-Jahren zu einer Art Standard für HEIM-Hubschrauber entwickelt, weil sie die systembedingte Schwäche der ursprünglichen Konstruktion gegenüber anderen Fabrikaten, nämlich die weichere federnde Blattansteuerung, kaschieren können. Doch auch diese Blattausführung hat Nachteile, die hier erst nach und nach erkannt worden sind. Bei derartigen Hubschraubern zeigte sich ein Phänomen, das wesentliche Grundlagen der Hubschraubertechnik umzukehren schien. Man kann nämlich im Vorwärtsflug ein Rollmoment nach rechts beobachten, obwohl der Hubschrauber auf Grund der Tatsache, dass er ein linkslaufendes Rotorsystem besitzt, eigentlich nach links rollen müsste. Lange Zeit fanden auch die Experten hierfür keine Erklärung; erst im Laufe der Zeit stellte sich heraus, dass die Schränkung dafür verantwortlich zu machen ist: Die stark verringerte Blattanstellung außen am vorlaufenden Rotorblatt wirkt nämlich ähnlich einem Querruderausschlag auf die Rotorebene, während dieser Effekt am rücklaufenden Blatt wegen der geringeren Anströmung nicht wirksam werden kann. Dieses je nach Fluggeschwindigkeit unterschiedlich stark ausgeprägte Rollmoment erschwert nicht nur das exakte Fliegen von Kunstflugfiguren, es behindert auch den Schwebeflug bei stärkerem Wind, wenn das Modell unterschiedliche Fluglagen zum Wind einnimmt. Hat man den Hubschrauber beispielsweise mit der Nase im Wind so ausgetrimmt, dass das Rollmoment ausgeglichen ist, so wird es nach einer 180-Grad-Drehung doppelt so stark auftreten, wodurch die exakte Ausführung von Schwebeflugfiguren, wie beispielsweise Vierzeiten-Pirouetten, sehr erschwert wird. Auch diese Rotorblätter können daher nicht als der Weisheit letzter Schluss angesehen werden, obgleich ihr Einsatz im Normalflugbetrieb durchaus zu befriedigenden Ergebnissen führen kann. Diese Zufriedenheit lässt erst dann nach, wenn man einmal auf dem eigenen, gewohnten Modell bessere Rotorblätter geflogen und so unmittelbar erlebt hat, wie viel das bezüglich der Flugleistungen ausmachen kann. Voraussetzung ist allerdings, dass man diese gesteigerten Flugleistungen überhaupt auf Grund des eigenen fliegerischen Könnens beurteilen kann. Andernfalls ist es sinnlos, wesentlich mehr Geld für seine Rotorblätter auszugeben als erforderlich ist, wenn das, was sie von normalen Rotorblättern unterscheidet, nicht ausgenutzt werden kann. Teuer wird es auf jeden Fall, denn eine Leistungssteigerung ist hier nur noch über einen grundlegend anderen Aufbau des Blattes möglich. Im vorliegenden Fall bietet sich die GfK-Bauweise an. Die Rotorblätter werden dabei, ähnlich wie die Tragflächen eines Kunststoff-Segelflugzeugs, in Negativformen laminiert. Beim Verkleben der oberen und unteren Halbschale werden dann Stützkonstruktionen aus Leichtschaum oder auch Holme eingesetzt, wobei es nun möglich wird, die Blattnase durch einlaminierten Ballast so schwer zu machen, dass eine optimale Schwerpunktlage erreicht werden kann. Das lässt sich verhältnismäßig einfach durchführen, wenn man in der Blattnase auf der gesamten Blattlänge einen Bleidraht von ca. 3 mm Durchmesser einarbeitet. Lange Zeit war das nicht zugelassen für Rotorblätter, die bei offiziellen FAI-Wettbewerben eingesetzt werden. Diese Bestimmung, die inzwischen für derartige Bauausführungen als überholt angesehen und beseitigt wurde, stammt aus der Zeit, in der man glaubte, durch Vergrößerung der Rotorblattmasse den Hilfsrotor ersetzen zu können und zu diesem Zweck außen in den normalen Holzblättern große Bleigewichte eingeleimt hat, die sich dann nicht selten bei voller Drehzahl wieder herauslösten und wie Geschosse umherflogen. Das kann natürlich bei GfK-Blättern mit dem beschriebenen Aufbau nicht passieren, doch solange diese FAI-Bestimmung Gültigkeit hatte, musste für die Wettbewerbspiloten eine Ersatzlösung gefunden werden. Man arbeitete daher mit Steinmehl und ähnlichen, nichtmetallischen, einigermaßen schweren Materialien, die mit Epoxidharz vermischt in die Blattnase gefüllt wurden. Verwendet man darüber hinaus für solche Blätter entsprechende Blattprofile mit möglichst weit hinten liegendem Auftriebsmittelpunkt, so lassen sich auch so recht gute Resultate erzielen, die jedoch nicht ganz an Blätter mit durchgehender Bleieinlage heranreichen. Diese geringe Abweichung vom Optimum wird allerdings vom Hilfsrotor ausgeglichen, auf den man wegen seiner aktiven Stabilisierung im Wettbewerb ohnehin kaum verzichten wird. In jedem Fall ist die Entwicklung derartiger Rotorblätter eine recht komplizierte Angelegenheit, die eine große Anzahl von Versuchen erfordert, wobei sehr viele, verschiedene Faktoren berücksichtigt werden müssen. Erst die gewissenhafte Abstimmung all dieser Faktoren führt dann zu den überlegenen Flugleistungen der GfK-Rotorblätter, die natürlich auch einen entsprechend hohen Preis haben. Der Vorteil liegt darin, dass sich derartige Blätter momentfrei in alle Einstellwinkelbereiche steuern lassen, dabei nicht das

Eine beliebte Variante der Bell 222 ist der Umbau zum Airwolf

störende, geschwindigkeitsabhängige Rollmoment aufweisen wie die geschränkten Blätter und auf Grund der höheren Oberflächenqualität einen besseren Wirkungsgrad besitzen, der sich vor allem bei der Autorotation, aber auch im leistungsintensiven Kunstflug bemerkbar macht. Bei der Beurteilung derartiger Blätter sollte man immer in Erinnerung behalten, dass die Gesamtkonstruktion für die Flugleistungen verantwortlich ist und nicht nur das eine oder andere auffällige Konstruktionsmerkmal, wie beispielsweise eine bestimmte Randbogenform oder ein Profil mit S-Schlag. Modellflieger neigen nämlich generell dazu, beobachtete Leistungen in einzelne Konstruktionsmerkmale hineinzuinterpretieren und dann an derartige „Patentlösungen" zu glauben, ohne den Gesamtzusammenhang zu erkennen. So ist es nicht verwunderlich, dass die zahlreichen Kopien von erfolgreichen Blattkonstruktionen nur selten an die Leistungsfähigkeit des Originals heranreichen. Für den Sachkundigen ist es oft geradezu erheiternd zu beobachten, wie zahlreiche Nachbauer von Rotorblättern irgendwelchen Modeerscheinungen nacheifern, ohne wirklich den Kern der Konstruktion des Originals erkannt zu haben. So ergibt beispielsweise die Verwendung eines S-Schlag-Profils allein noch kein Rotorblatt mit überragender Leistung, sondern erst die Einbeziehung aller relevanter Faktoren. Dann jedoch stellen derartige Rotorblätter von Wirkungsgrad und Leistungen her das Optimum dar, das derzeit erreichbar scheint. Da bei den verhältnismäßig leichten HEIM-Wettbewerbshubschraubern jedoch nicht unbedingt der maximale Wirkungsgrad bezüglich des Gesamtschubs erforderlich ist, haben sich letztlich doch wieder symmetrisch profilierte Hauptrotorblätter durchgesetzt, da sie zwar einen etwas geringeren Maximalauftrieb liefern, im Steuerverhalten jedoch absolut neutral sind und somit im Kunstflug Vorteile bieten.

Verwendet man GfK-Rotorblätter auf einem HEIM-Hubschrauber, so sollte der Rotorkopf auf jeden Fall mit Drucklagern ausgerüstet sein. Gegenüber den Holzblättern wird man für Pitch und die zyklische Steuerung größere Ausschläge einstellen müssen, was dadurch erforderlich wird, dass die weitgehend momentfreien Blätter nicht mehr das Bestreben haben, jeden von 0° abweichenden Blattwinkel zu vergrößern und damit alles Spiel und Durchfedern der Anlenkung zur Verstärkung eines Steuerausschlags ausnutzen, sondern eben nur genau dem eingesteuerten Ausschlag folgen oder sogar ihm leicht entgegenwirken. Auch beim Einstellen der Blattspur lässt sich dieser Effekt erkennen, denn man muss zur Korrektur eines bestimmten Spurlauffehlers das entsprechende Steuergestänge weiter als gewohnt verstellen. Auf Grund der höheren aerodynamischen Güte der Rotorblätter wird sich auch eventuell eine höhere Systemdrehzahl einstellen, wenn dies nicht dadurch verhindert wird, dass die GfK-Blätter schon länger gemacht wurden als die normalerweise vorgesehenen Holzblätter. Schließlich wird man noch feststellen, dass das Pitchmaximum für die Autorotation gegenüber vorher wesentlich erhöht werden kann, ohne dass beim Abfangen die Drehzahl zusammenbricht.

1.7.9 Mehrblattrotoren

Die im vorigen Abschnitt beschriebenen Schwierigkeiten bei Konstruktion und Herstellung von schwerpunktneutralen, momentfreien Rotorblättern haben dazu geführt, dass in den ersten zehn Jahren der Modellhubschrauberentwicklung fast ausschließlich Zweiblattrotoren im Handel waren. Sieht man einmal von den wenigen, trotzigen Versuchen einiger Hersteller ab, zu beweisen, dass man mit einfachen Mitteln doch in der Lage sei, einen Vierblattrotor für einen Serienhubschrauber anzubieten, so beschränkte man sich vornehmlich auf die Konstruktion der konventionellen Zweiblattrotoren. Der Realisierung eines Mehrblattrotors stand zunächst einmal entgegen, dass hierbei der normalerweise verwendete Hilfsrotor nicht mehr unterzubringen ist, obgleich es auch Versuche in diese Richtung gegeben hat. Ein Mehrblattrotor muss also zunächst einmal ein stabilisatorloser Rotor sein, und da schon die Entwicklung praktisch einsetzbarer, stabilisatorloser Zweiblattrotoren recht große Probleme mit sich gebracht hatte, sodass sich derartige Rotoren nie auf breiter Basis durchsetzen konnten, hat sich kaum ein Konstrukteur an Mehrblattrotoren herangewagt. Lediglich Dieter Schlüter brachte ein BO-105-Modell mit Vierblattrotor heraus, doch konnten die Flugeigenschaften des mit Holzrotorblättern normaler Blatttiefe und Stahldrahtnase zur Schwerpunktkorrektur versehenen Rotorsystems mit Schlaggelenken nicht überzeugen.

Ein von der Firma WiK für die BO 105 mit HEIM-Mechanik angebotener Vierblattrotor sollte schmalere Holzrotorblätter mit außen eingeleimten Bleigewichten erhalten, doch ist dieser Rotor, von zwei oder drei Prototypen abgesehen, nie lieferbar gewesen, obgleich er jahrelang im Katalog angeboten wurde. So hatte man sich fast damit abgefunden, dass es mit den herkömmlichen Konstruktionsprinzipien keine im Alltagsbetrieb brauchbaren Mehrblattrotoren für Modellhubschrauber geben würde.

Vorbildähnliche Nachbauten (hier Hughes 500) gewinnen wesentlich durch die Verwendung eines dem Original entsprechenden Mehrblattrotors

1.7.9.1 PEKA-MULTIBLADE-System

Den Durchbruch auf diesem Gebiet schaffte erst Günter Knipprath aus Aachen mit einem unter der Bezeichnung MULTIBLADE vertriebenen Rotorsystem. Wesentliches Konstruktionselement dieses gelenklosen Rotors ist ein Rotorkopf aus Polyamid, der eine elastische Einleitung der Blattkräfte in den Rotormast bewirkt. Die Abstimmung dieser Elastizität mit dem Biege- und Torsionsverhalten der GfK-Rotorblätter war wesentlicher Teil der Entwicklungsarbeit, bei der Günter Knipprath zeitweilig von drei weiteren Mitarbeitern an diesem System unterstützt wurde. Nach Abschluss dieser Entwicklung ist daraus ein System für Zwei-, Drei-, Vier-, Fünf- und Sechsblattrotoren entstanden, das in der Steuerreaktion neutral, ausgeglichen und stetig ist und sich durch besondere Laufruhe des Rotors auszeichnet. Außerdem sind diese Rotoren uneingeschränkt kunstflugtauglich und in der Wendigkeit jedem konventionellen Rotor mit Hilfsrotor ebenbürtig, sodass der Erfolg dieses mit Gebrauchsmusterschutz und dem Gütezeichen „TÜV-Geprüfte Sicherheit" versehenen Rotorsystems nicht ausbleiben konnte; nicht zuletzt die zahlreichen Versuche, dieses System unter Umgehung des Gebrauchsmusterschutzes zu kopieren, lassen diesen Erfolg erkennen. Man muss sich allerdings bei Einsatz eines derartigen, stabilisatorlosen Rotorsystems darauf einstellen, dass nun eben die stabilisierende Wirkung des Hilfsrotors im Flug fehlt, und man, wie bei den großen Vorbildern auch, alle auftretenden, ungewollten Lage- und Richtungsänderungen des Hubschraubers selbst aussteuern muss.

Hughes 500 D (PEKA-Lufttechnik) in der Lackierung der kalifornischen Highway-Police. Die Verwendung eines entsprechend kurzen Resonanzrohres ermöglicht den Abgasaustritt durch den imitierten Turbinenauslass. Der MULTIBLADE-5-Rotor verleiht dem Modell das charakteristische Aussehen

Daran kann auch eine optimale Konstruktion eines Rotors nichts ändern, denn der Hilfsrotor des konventionellen Modellhubschraubers ist nun einmal ein aktives Regelungssystem, das einer Lageänderung des Hauptrotors durch Eingriff in die Steuerung entgegenwirkt. Diese aktive Stabilisierung kann nicht durch Erhöhung der Massenträgheit des Rotors oder andere konstruktive Maßnahmen ersetzt werden; wohl aber ist es möglich, die Funktion des Hilfsrotors als Kompensation von aerodynamisch und mechanisch minderwertigen Rotorblättern durch die entsprechende konstruktive Auslegung der Rotorblätter selbst überflüssig zu machen. Das ist hier in vollem Umfang gelungen, und so kann nun jeder, der beim Steuern nicht mehr unbedingt auf die Unterstützung durch den Hilfsrotor angewiesen ist, seinen Hubschrauber mit einem vorbildgetreuen Rotorsystem ausrüsten.

1.7.9.2 Bendix-Rotor

Im Gegensatz zu einer ganzen Reihe anderer Mehrblattrotor-Systeme, bei denen es sich fast ausschließlich um mehr oder weniger gelungene Kopien des MULTIBLADE-Systems handelt – zum Teil mit geringfügigen, in der Praxis wirkungslosen Abänderungen, um den Gebrauchsmusterschutz des Originals zu umgehen –, wurde bei der Entwicklung des Bendix-Vierblattrotors ein anderer Weg beschritten. Man hat hier versucht, Aufbau und Funktion des Original-BO-105-Rotorsystems so genau wie möglich auf den Modellrotor zu übertragen und den Gegebenheiten eines Modellhubschraubers anzupassen. Dieser Rotor besitzt daher tatsächlich ein verblüffend vorbildgetreues Aussehen und sehr gute Flugeigenschaften, wobei natürlich auch hier die im vorigen Abschnitt aufgeführten Einschränkungen bezüglich der stabilisatorlosen Rotorsysteme gelten. Bei vorbildgetreuen Modellen der BO 105 oder der BK 117 ist jedenfalls der optische Eindruck dieses Rotors kaum noch zu übertreffen. Da außerdem noch das mechanische Mischersystem des Originals kopiert wurde, ist es möglich, diesen Rotor auch ohne jeden elektronischen Taumelscheibenmischer im Sender zu fliegen. Den Verzicht auf eine elektronische Mischung jedoch als Vorteil herauszustellen, erscheint etwas praxisfremd, steht das doch im Gegensatz zu den vernünftigen Bemühungen, möglichst viel verschleiß- und spielbehaftete Mechanik durch entsprechende Elektronik im Sender zu ersetzen. Da dieses Original-Mischersystem zudem nicht vorbildgetreu – weil nicht maßstäblich – in das Modell eingebaut werden kann, sollte man es auch als das betrachten, was es ist: Eine Notlösung für diejenigen, die keinen entsprechenden Mischer im Sender besitzen. Im praktischen Flugbetrieb wird der Bendix-Rotor jedenfalls mit gutem Erfolg, meist in Verbindung mit der symmetrischen Dreipunkt- oder Vierpunktansteuerung der Taumelscheibe, benutzt, wobei man diese dann entweder mechanisch oder über eine virtuelle Taumelscheibendrehung vom Sender aus um ca. 45° drehen muss, damit die Anlenkgestänge der Rotorblätter senkrecht stehen. Durch den Erfolg des Vierblattrotors ermutigt, wurde das Lieferprogramm durch Zwei- und Dreiblattrotoren ähnlichen Aufbaus ergänzt.

Der „Bendix"-Rotor zeichnet sich vor allem durch besondere Vorbildtreue aus

„PEKA"-NBS-Vierblattrotor

1.7.9.3 PEKA-NBS-Rotor

Den bisher beschriebenen Rotorsystemen gemeinsam ist ein verhältnismäßig hoher Aufwand, der für die Lagerung, Befestigung und Betätigung der Rotorblätter betrieben wird. Außerdem ist es natürlich erforderlich, den Blattspurlauf wirklich exakt einzustellen, um nicht unnötig Motorleistung zu verschenken. Hier Fortschritte für den täglichen Gebrauch zu schaffen war das Ziel, als Günter Knipprath mit der Entwicklung des NBS-Rotors begann. Die Bezeichnung NBS ist die Abkürzung von No-Bearing-System und bedeutet lagerloses System. Grundgedanke dieser Konstruktion ist der Verzicht auf jede Art von Kugel- oder Nadellager in Rotorkopf und Blattaufhängungen. Ferner sollte durch eine aktive Selbstregelung in der Blattwinkelsteuerung eine automatische Optimierung des Blattspurlaufs und ein weitgehend selbsttätiges Ausgleichen von Windböen sowie ungewollten Nick- und Rollbewegungen im Vorwärtsflug erreicht werden. Die Befestigung der Rotorblätter am Mast erfolgt über Torsions- und Biegeelemente, die gleichzeitig durch elastische Verdrehbarkeit die Blattwinkelsteuerung ermöglichen. In der Entwicklung dieser Torsionselemente steckt dann auch der größte Teil der Arbeit, da sie einerseits möglichst flexibel auf Torsion reagieren, verhältnismäßig weich eine Schlagbewegung des Rotorblattes ermöglichen sollen und möglichst steif in der Horizontalen, also der Schwenkrichtung des Blattes sein müssen. Da die Blätter von der Blatthinterkante aus angesteuert werden, ergibt sich bei Schlagbewegungen eine automatische Veränderung des Blattwinkels, die das Blatt in die Rotorebene zurücksteuert. Durch entsprechende Formgebung der Torsionselemente in Abstimmung mit den schwerpunktkorrigierten Rotorblättern wurde hier ein Rotorsystem geschaffen, das im Flug einem Rotor mit Hilfsrotor sehr nahe kommt, vom Wirkungsgrad her jedoch höher liegt, da der zusätzliche Widerstand des Hilfsrotors wegfällt. Die Wendigkeit des Modells ist größer als bei einem Rotor mit Hilfsrotor, wobei der Leistungsbedarf auch bei extremen Steuerausschlägen in der zyklischen Steuerung durch die aktive Spurlaufregelung geringer bleibt als bei herkömmlichen Rotoren. Darüber hinaus konnte dieses System wegen der geringen Anzahl der benötigten Einzelteile und wegen des völligen Verzichtes auf teure Kugel- und Nadellager preiswerter angeboten werden als vergleichbare Rotorsysteme ohne diese Konstruktionsmerkmale.

Dass diesem System nach einer Phase allgemeinen Interesses dennoch der ganz große Erfolg versagt blieb, lag, wie so oft, an den Details. So war den Torsionselementen, an denen die Hauptrotorblätter aufgehängt waren, eine Überbeanspruchung nicht anzusehen. Da sie nur für Zugbelastungen durch die hohen Zentrifugalkräfte im Flug ausgelegt waren, nicht jedoch für Biegebelastungen, weil sie zum Steuern torsionselastisch sein mussten, konnte schon der Transport des Modells mit montierten Blättern im Auto zu unbemerkten Brüchen in den Torsionselementen führen, was dann schlimmstenfalls zum Wegfliegen der Rotorblätter im Flug führen konnte. Darüber hinaus hatte die automatische Lageregelung der Rotorblätter auch negative Begleiterscheinungen, wie beispielsweise eine Neigung zum Schwingen in der Pitchsteuerung und ein unstetes Verhalten beim Abfangen in Autorotation. All das sowie die allgegenwärtigen Probleme mit Bodenresonanzen, die beim Dreiblattrotor nicht beherrschbar waren, weshalb es auch nur Zwei-, Vier- und Fünfblatt-NBS-Rotoren gab, führten letztlich dazu, dass dieses Rotorsystem inzwischen wieder fast vollständig aus der Hubschrauberszene verschwunden ist.

Nachwort

Anhand der vorangegangenen Ausführungen über die Technik des HEIM-Systems lässt sich erkennen, wie groß das Feld für die Entwicklung und Verwirklichung eigener Ideen auf dem Gebiet der Modellhubschraubertechnik ist. Jeder engagierte Modellbauer kann hier eine kreative Beschäftigung finden in einem Maße, wie es in anderen Sparten des Modellbaus kaum noch möglich und erforderlich ist; für viele ist gerade das der besondere Reiz der Beschäftigung mit dem Modellhubschrauber. In einer Welt, in der die Freizeitgestaltung immer mehr durch industriell vorgefertigte Komplettlösungen bestimmt wird, sollte man sich stets vergegenwärtigen, dass gerade die Entwicklung des ferngesteuerten Modellhubschraubers kein Geschenk der Modellbauindustrie an die Modellflieger war und ist, sondern immer durch die individuellen Leistungen einzelner Modellbauer ermöglicht und vorangetrieben wurde, von den „Pioniertagen" angefangen bis in die Gegenwart.

Solange sich immer wieder einzelne Modellhubschrauberflieger finden, die sich nicht mit den immer vorhandenen Unzulänglichkeiten des jeweiligen „Stands der Technik" und der darauf basierenden Modellbausätze abfinden wollen und statt darüber bei den Herstellern zu lamentieren selbst Hand anlegen und die Entwicklung vorantreiben, solange wird der Modellhubschrauberflug seine Faszination nicht verlieren und für diejenigen, die ihn betreiben eine Freizeitbeschäftigung darstellen, die sie gegen kein anderes Hobby eintauschen wollen.